ÉTUDE

SUR

LES CAILLOUX ROULÉS

DE LA DORDOGNE

(1865)

BORDEAUX. — IMPRIMERIE DE F. DEGRÉTEAU ET Cie
Rue du Pas Saint-Georges, 28.

SUITE DU BASSIN HYDROGRAPHIQUE DU COUZEAU

ÉTUDE

SUR LES

CAILLOUX ROULÉS

DE LA DORDOGNE

(1865)

PAR CH. DES MOULINS

Sous-Directeur de l'Institut des Provinces pour le Sud-Ouest,
Président de la Société Linnéenne
et Membre de l'Académie Impériale des Sciences, Belles-Lettres et Arts de Bordeaux,
Membre de la Société Géologique de France,
Inspecteur divisionnaire de la Société Française d'Archéologie,
Etc., etc.

BORDEAUX
CHEZ CODERC, DEGRÉTEAU ET POUJOL
(MAISON LAFARGUE)
Rue du Pas Saint-Georges, 28.

1866

ÉTUDE

SUR

LES CAILLOUX ROULÉS

DE LA DORDOGNE

(1865)

CHAPITRE Ier

INTRODUCTION

J'ai longtemps étudié le Périgord sans rien publier sur la géologie des environs de ma demeure : de bas en haut, c'était chose si simple !

Terre végétale encombrée de pierres et cailloux très-divers;
Meulières et calcaire d'eau douce;
Minerais de fer;
Molasse;
Silex rapportés à une craie analogue à celle de Maëstricht;
Craies du 1er et du 2e étages;

Voilà tout, et tout cela était décrit dans les travaux de Jouannet, de Dufrénoy, de M. le Vte d'Archiac, travaux solidement établis et dont les recherches subséquentes n'ont nullement ébranlé les bases.

Depuis quelques années, cependant, des études plus détaillées, plus minutieuses sur la formation crétacée, acquéraient chaque jour plus de faveur. Grâce aux grands travaux d'Alcide d'Orbigny, on avait désormais des noms à appliquer aux nombreux et magnifiques fossiles de ce puissant terrain : on pouvait s'entendre en en parlant, et on en parla ; la formation crétacée fut à l'ordre du jour de la Géologie.

Voyant alors qu'on s'occupait de régler les affaires d'intérieur de cette formation, il me sembla nécessaire d'attirer l'attention sur ces silex problématiques qu'on ne voulait plus me permettre d'attribuer à Maëstricht, et de demander pour eux la fixation d'un état civil quelconque.

Je publiai dans la deuxième moitié de 1864 mon *Bassin hydrographique du Couzeau*, et, homme de détails plutôt qu'ambitieux de larges visées, je me sentis instinctivement poussé à parler un peu de ces *cailloux* qui finissent par être gênants, tant il y en a, quand on pratique longtemps, au point de vue de la science, un pays aussi intéressant que le Périgord. On les trouve partout; ils s'accommodent de tout, et se font un *chez eux* dans tous les terrains; pourvu qu'ils se trouvent une place, ils ont l'air d'être partout également à l'aise. Évidemment, il y avait quelque chose à comprendre et quelque chose à dire relativement à ces individualités innombrables, encombrantes, désagréables à tous si ce n'est aux agents-voyers, — intraitables en apparence et pourtant si souples à tous les régimes !

En ce temps-là précisément, le monde savant commençait à s'occuper d'eux, mais uniquement à l'occasion des *diluviums* et *alluviums* dont M. Boucher de Perthes avait farci toutes les têtes, même celles qui ne s'étaient jamais penchées sur un dépôt de cailloux. Mais, ni leur metteur en scène, ni ceux qui les passaient au crible *archéo-géologique* (mot à la mode, mais qui n'a pas de raison d'être, car il exprime un non-sens ou une naïveté qui appelle le sourire), — en un mot, ni M. Boucher de Perthes lui-même, ni les géologues qui auraient quelque intérêt à se faire un peu archéologues, ni les archéologues qui auraient grand besoin de devenir un peu géologues, ne se mettent beaucoup en peine d'étudier *en eux-mêmes* ces objets d'une vogue qui s'accroît encore tous les jours et me permet, pour la géologie comme pour bien d'autres choses, de constater comme signe du temps présent, que « Décidément, le vent est aux cailloux roulés ! »

Et en effet, depuis trois ou quatre ans, il a été dit et écrit un nombre incalculable de paroles sur le *diluvium* et les alluvions : il semble que, géologues et archéologues, tout le monde joue à qui en proférera davantage.

Cela serait fort bien, et même fort utile pour l'éclaircissement des questions débattues, si le *diluvium* et les alluvions étaient suffisamment étudiés, dans tous leurs ordres de caractères, pour qu'on les connût à fond, et par conséquent pour que ceux qui en parlent pussent s'entendre entre eux.

L'un de ces ordres de caractères, c'est celui des caractères *intrinsèques*, et personne ne se refusera à avouer que la connaissance des matériaux qui composent le dépôt est dans ce cas, — en d'autres termes, que « la composition matérielle d'un dépôt quelconque est l'un des » caractères intrinsèques de ce dépôt. »

Plût à Dieu qu'en disant « ce dépôt, » nous comprissions sous un simple, unique et court vocable tout ce qu'on a appelé *diluvium*, ou tout ce qu'on a appelé *alluvium!* Mais hélas! il n'en est point ainsi, et pour peu qu'on veuille y regarder de près, tout le monde convient que *chacun a le sien* et que, si le mot qui représente l'idée est le même, la chose représentée n'est pas la même partout. De là, une confusion inextricable.

Puisque la composition matérielle d'un dépôt est l'un de ses caractères intrinsèques, il ne peut être inutile, — il est même indispensable de connaître parfaitement ce caractère, et l'on ne saurait y parvenir sans l'étudier *en lui-même.*

L'a-t-on fait quelquefois? — Oui.

L'a-t-on fait assez? — Non, du moins pour la plupart du temps.

Pourquoi la science n'imiterait-elle pas l'*administration*, cette tutrice infatigable et parfois un peu fatigante de la vie entière du citoyen? Elle a souvent du bon; pourquoi ne se l'approprierait-on pas?

Quand elle veut, par exemple, faire le recensement de la population d'une ville, ses agents ne vont-ils pas frapper à chaque porte et dire à chaque habitant :

« Quel est ton nom, ta race et ton pays? (1) »

Eh bien! si nous voulions vraiment connaître chacun des dépôts, semblables ou divers, auxquels, dans chaque localité, on a cru pouvoir attribuer le nom de diluvium ou celui d'alluvion, quoi de plus simple que de l'interroger sur la nature des cailloux, sables ou terres qui le composent, sur leur état physique, leurs conditions de nombre ou de volume, enfin sur le lieu probable de leur provenance et le mode de leur transport?

La terre végétale et les sables peuvent et doivent être étudiés, et sou-

---

(1) Dans ses admirables *Leçons de Géologie pratique*, M. Élie de Beaumont a exprimé une pensée semblable : « Pour se faire une idée juste de la terre végétale, il » convient d'étudier séparément les localités où chacun des éléments qui concourent » généralement à sa formation se trouve dans une prédominance et un isolement plus » ou moins complets. » (T. Ier, p. 184). Le point de vue de l'étude recommandée par ce grand maître n'est pas identique à celui-ci, mais c'est son parfait analogue, et l'utilité de l'étude est la même, bien que son mode et son but soient quelque peu différents.

vent avec profit, — notre savant collègue M. Eug. Jacquot l'a montré par son exemple ; mais ils ne sont pas toujours dignes d'une foi aveugle, parce qu'ils ne forment pas toujours réellement le fond du dépôt, adultérés qu'ils sont très-fréquemment par un mélange inévitable avec les terres ou sables qui pouvaient préexister dans la localité. De là vient qu'on s'adresse plus souvent et avec raison, pour les études de ce genre, aux sables qu'aux terres, et surtout aux cailloux qu'aux sables.

Ceci posé, quels cailloux convient-il d'étudier ? Tous, sans contredit, c'est le mieux ; mais un géologue *qui passe*, un naturaliste même dont la demeure est un peu éloignée, ne peuvent guère serrer de près une telle étude, et la prestance des *primates* du dépôt attire de préférence leurs regards : ils font leur choix parmi eux, ou les échantillonnent. L'abondance aura son tour dans ce choix, et souvent même on lui donnera, à juste titre, le pas sur la grosseur ; mais enfin ce seront toujours les plus apparents, les plus faciles à remarquer, qui seront emportés pour l'étude et pour les listes inventoriales, dont ils constitueront à coup sûr un bon élément, mais non le seul, ni en général le plus essentiel.

Et puis, les courses sont longues, et les cailloux sont lourds : adieu donc à l'élément *statistique*, qui a bien son mérite en cette matière !

Je ne voudrais pas être pris pour un frondeur qui, ayant peu fait dans sa vie, croit se donner de l'importance en critiquant, du fond de son cabinet, les us et coutumes le plus généralement et le plus nécessairement mis en pratique. Ce que je reproche aux autres, je m'empresse d'avouer que je l'ai fait, hélas ! toute ma vie, et que mes documents *cailloutiers* sur le Bassin hydrographique du Couzeau ont reposé jusqu'ici sur des éléments dont l'étude n'a guère été plus complètement épuisée.

Aussi, quand j'ai voulu, cette année 1865, serrer de plus près encore mon sujet, essayer d'élucider certaines questions, je me suis trouvé, en réalité, aussi court de renseignements que les livres et mémoires que je fouillais avidement et en vain pour en chercher.

Sans que tout, assurément, soit la même chose, tout se ressemble plus ou moins, de près ou de loin. Comme les grands et les riches de l'humanité, les *gros* cailloux se déplacent : ils descendent volontiers des hauteurs dans les vallées ; on s'en sert pour le bâtiment des maisons, des murs et des chemins ; et puis (chose désastreuse pour le géologue !) les laboureurs ont l'habitude d'épierrer leurs champs. Avec tout cela, faites donc de la statistique cailloutière !

Comme le petit peuple des campagnes au contraire, les *menus* cailloux restent attachés à la glèbe ; ils constituent la population sédentaire, autochtone, réelle en un mot. Si donc vous voulez connaître le vrai, adressez-vous à eux.

Ainsi me suis-je mis à faire.

Accroupi, agenouillé, armé de lunettes, j'ai pris pour tâche de recueillir un à un, dans un espace de deux mètres carrés par exemple, deux ou trois poignées de fragments pierreux roulés ou anguleux, d'une dimension déterminée (de 2 ou 3 à 15 millimètres, ou bien de 10 à 12 jusqu'à 35mm de grand diamètre, selon les localités), en ayant soin de prendre, dans les proportions qui paraissent dominantes, des exemplaires de tous les *faciès* qui se rencontrent dans la localité.

Ce genre de butin n'est ni encombrant, ni lourd : on emporte chez soi les petits paquets, on les lave, on en compte les éléments, puis on attaque les plus durs à l'aide du marteau, les autres à l'aide de tenailles; on les classe, on les étiquette enfin avec soin pour les conserver, et on obtient presque toujours des résultats instructifs (1).

Puisse-t-on juger que j'ai été assez heureux pour en obtenir quelques-uns!

Ce qui semble m'autoriser à l'espérer, c'est que j'ai pour moi l'exemple de notre ancien et éminent collègue l'ingénieur en chef Billaudel, qui, chargé des détails du pont de Bordeaux et de l'établissement de tant de routes importantes du département de la Gironde, ne dédaigna pas d'insérer dans le tome IV du recueil de la Société Linnéenne un mémoire considérable sur les *Cailloux roulés de la Gironde.* Il avait fait de ce travail son affaire personnelle, et on l'a souvent cité, dans les publications subséquentes, à titre de document réellement important. La collection qui s'y rapporte, étiquetée de sa main, m'a été donnée par lui aussitôt après la publication du mémoire, et elle ira après moi et avec celle des cailloux de la Dordogne, dans l'une des collections publiques de Bordeaux.

---

(1) C'est même avec beaucoup de confiance que je publie ces « détails circonstanciés sur chacune de mes » ***investigations*** [*], « sachant bien que ce sont ces détails » parfois en apparence minutieux, qui peuvent mieux que des conjectures hasardées, » éclairer la marche de la science. » (Am. Brouillet, ***Époques anté-historiques du Poitou***, p. 6. Poitiers, chez Dupré; gr. in-8° de 151 pages, avec 10 planches in-4° sur teinte; 1865.)

[*] Je substitue ce mot à celui de ***découvertes*** employé par M. Brouillet, parce que je n'ai eu, moi, qu'à dénombrer des faits patents et que chacun aurait pu constater avant moi. L'habile artiste archéologue de Poitiers me pardonnera l'emprunt que je lui fais : je crois que ce qu'il dit là est vrai, et on ne saurait le mieux dire. (*Note ajoutée pendant l'impression.*)

CHAPITRE II

COMPOSITION DES DÉPÔTS DE CAILLOUX ROULÉS

§ 1er. — **Cailloux de la Molasse**

La Molasse (éocène, d'eau douce) a été déposée, paraît-il, dans des conditions de tranquillité presque parfaite; c'est un dépôt lacustre.

Cette tranquillité a nécessairement été précédée de perturbations assez brusques, puisque la surface du 1er étage de la craie a été complètement dénudée avant le dépôt de la molasse qui repose, sans aucun intermédiaire, sur lui.

Il m'est aujourd'hui démontré, par l'étude minutieusement rigoureuse des cailloux qui appartiennent *essentiellement* et authentiquement à *la molasse*, que j'ai commis une erreur en disant, pp. 45 et 46 du *Couzeau* : « C'est *ici même* que cet appendice de la craie (la *craie à Faujasia*) a » existé.....; les rognons de silex qu'elle contenait sont restés *sur place,* » *où ils ont été repris par la molasse.* »

A force de voir ces silex fourmiller dans les parties superficielles de ce dépôt, dans cette molasse *remaniée* qui en forme constamment le chapeau et se mêle peu à peu à la terre végétale dont elle constitue une portion notable, — à force aussi de les voir accumulés et saillants à diverses hauteurs dans les éboulements et au pied des escarpements assez nombreux mais presque toujours peu épais que montre *le vif* de sa masse pure, j'avais fini par me persuader que ces silex devaient se trouver réellement et *indifféremment à toutes les hauteurs,* ENGAGÉS DANS CETTE MASSE.

Mais cette année 1865, mes recherches attentives et directes ne m'en ont pas fait apercevoir *un seul* fragment ou bloc plus bas qu'*un mètre* ou *un mètre et demi* DANS LE VIF des *sables* purs de la molasse, et

JAMAIS dans ses *argiles* pures. De plus, j'ai recueilli, lavé, examiné à la loupe et à la tenaille les menus cailloux (absolument identiques) que contiennent ces sables et ces argiles, et je n'y ai pas trouvé un seul fragment roulé de *silex à Faujasia*, ni de tout autre silex, mais seulement des *quartz* hyalins, grenus ou laiteux des terrains primitifs. Donc, les *silex à Faujasia* n'ont pas été *repris sur place* par la molasse, mais ils sont venus se déposer, en blocs et en fragments, *sur* ou *dans* sa partie superficielle ou du moins supérieure où on ne les rencontre plus, lorsqu'elle est pure, que jusqu'à la profondeur d'un mètre à un mètre et demi.

J'ai contrôlé mes propres observations en consultant un homme d'affaires qui, depuis plus de trente ans, a constamment suivi les travaux des tuileries du domaine de Lanquais, et il m'a affirmé n'avoir jamais vu un bloc ou une *miche* entière (rognon que sa forme et sa croûte jaunie par le fer font ressembler extraordinairement, en grand ou en petit, à un pain de forme allongée), qui fussent retirés *du vif* de la bonne *terre à tuiles*, ou du vif des bonnes *sablières pures.*

Il demeure donc évident, désormais, qu'au lieu d'avoir été repris par *la formation* de la molasse, les silex à Faujasia sont venus s'ajouter et se mêler *à ses parties supérieures*, AVANT *l'invasion du diluvium*, puisqu'ils pénètrent dans la molasse jusqu'à un mètre et demi à-peu-près, tandis que les cailloux du *diluvium* ne s'y introduisent JAMAIS, ne fût-ce qu'à la profondeur d'un centimètre !

Les minerais de fer appartiennent bien plus réellement à la molasse, puisqu'ils pénètrent dans ses sables et ses argiles jusqu'à une profondeur bien plus grande.

Mais puisque les silex à Faujasia renferment exclusivement des fossiles *de la craie*, ils sont antérieurs à la molasse qui est *tertiaire ;* et puisqu'ils ne se mêlent à celle-ci que dans ses parties supérieures, c'est d'AILLEURS qu'ils sont venus s'y mêler !

M. Coquand signale plusieurs de leurs fossiles dans son *dordonien* de l'Angoumois; c'est donc dans cette direction du N.-O. que des géologues plus jeunes et plus voyageurs que je ne le suis, peuvent avoir des chances de retrouver le gisement originaire de cette couche crétacée, aujourd'hui complètement dissoute. Cette recherche serait d'autant plus probablement fructueuse, que je ne crois pas me tromper en constatant que celles de nos pentes périgourdines qui regardent le Nord et le Nord-Ouest sont beaucoup plus chargées de silex à Faujasia que celles qui regardent le Sud.

Après avoir ainsi relevé sommairement l'erreur dont je me suis rendu coupable, je vais donner le détail des observations *directes* sur lesquelles est fondée la rectification que je publie aujourd'hui.

Les argiles pures (toujours plus ou moins sableuses) de la molasse, — blanches, jaunâtres, bleuâtres, violettes, roses, rouges enfin, — sont constamment traversées par des veines irrégulières de sable quartzeux pur ou plus ou moins mêlé d'argile; ou bien elles sont maculées de taches et parsemées de poches de la même substance. De même, les sables purs le sont constamment aussi de veines, taches et poches d'argile plus ou moins sableuse et des mêmes couleurs.

A. *Sablière (de la molasse)* de la Maison-Blanche, *à mi-côte, regardant la Petite-Forêt, à* Ligal, *commune de Lanquais.*

Sable parfaitement uniforme, quartzeux. Les plus gros grains ont 2 ou 3 millimètres; tous sont blancs. Leur gangue est formée d'nn sable encore plus fin, jaunâtre, ferrugineux, un peu plus rougeâtre en certains endroits, bigarré de nids ou de veines de sable tout pareil, mais *blanc,* très-pur et très-coulant, ou de sable mêlé d'argile d'un blanc bleuâtre (terre à tuiles).

Profondeur du fond de l'excavation, 3 mètres au moins.

C'est *dans le vif* de la paroi de l'excavation qui regarde le Midi, qu'en cherchant avec beaucoup d'attention j'ai fini par apercevoir trois *gros* cailloux faisant saillie sur cette paroi, à un peu moins d'un mètre, à un mètre, et à un peu plus d'un mètre de la superficie du massif pur de la molasse, et fort au-dessous de la profondeur qu'atteignent, en le perçant, quelques racines de chênes.

La couche de terre végétale qui recouvre cette molasse est formée d'un demi-mètre à un mètre de molasse *remaniée,* mêlée de cailloux du *diluvium* et d'un nombre immense de gros et de petits éclats de silex à Faujasia en général blanchâtres, mais offrant parfois de charmantes nuances de violet, de lilas et de cinabre. Il y a aussi des *miches* brisées, avec leurs croûtes.

On ne voit pas un seul *petit* caillou roulé dans la masse du sable. Les trois gros cailloux que j'en ai retirés sont : 1° un fragment de *silex à Faujasia,* plus long et plus gros que le doigt, à angles non roulés, mais *émoussés;* 2° un fragment bi-pugillaire du même silex, à angles plus rapprochés du vif, mais *non tranchants;* 3° un caillou (plus roulé) de grès très-ferrugineux, un peu plus gros qu'un œuf de poule.

B. *Tuilerie des* Hautes-Roques, *commune de Lanquais.*

Les trous de terre à tuiles de l'ancienne exploitation des Basses-Roques sont comblés depuis plusieurs années ; mais, depuis deux ou trois ans, il en a été ouvert une nouvelle, assez considérable, à six ou sept cents mètres au sud-est de la première et au point culminant du massif de côteaux qui sépare le vallon de Lanquais de celui de Monsac, et d'une des origines de celui qui vient déboucher dans le premier, sous le château, là même où nous creusâmes notre puits-Paramelle de 1836.

Ce point culminant des Hautes-Roques est l'un des deux plus élevés de la commune de Lanquais, et c'est tout au plus s'il est un peu au-dessous des Pailloles (130^{m} approximativement). Le panorama y est magnifique. On voit, plus bas que soi d'une dixaine de mètres, les sommets de la Peyrugue et du massif qui sépare Lanquais de Couze ; à niveau dans l'éloignement, les premiers rangs de côteaux qui bordent la rive droite de la Dordogne ; plus haut que soi, dans l'éloignement aussi, les puissants côteaux du bassin de la Couze vers Saint-Avit-Sénieur et Sainte-Croix-de-Montferrand ; plus haut que soi et plus loin encore, les buttes de calcaire d'eau douce des moulins de Boisse, de Montaut-d'Issigeac, etc., qui surgissent de la haute plaine du *pays blanc*.

Les trous de l'exploitation nouvelle des Hautes-Roques sont déjà comblés, ce qui la réduit à une dénudation de la molasse pure blanche ou rouge, sableuse ou argileuse, peu inclinée mais déjà sensiblement ravinée, sur la pente nord du point culminant. Cette dénudation peut avoir 50 mètres dans le sens de la pente du côteau, et 150 mètres au moins dans celui de la largeur, ce qui représente une surface de 7,500 mètres carrés, divisée en quatre grands compartiments, dont l'un rouge foncé au centre et placé entre deux autres d'un blanc pur ; le quatrième plus petit, plus bigarré et moins décidément rouge, à l'Est. Les trous ont dû être faits presque tous dans les parties rouges ou maculées, qui sont plus argileuses (1), en sorte que les *crêtes* blanches et presque uniquement composées de sable qui les séparent sont restées absolument vierges, à tel point que les longues racines traçantes des

---

(1) Les argiles très-rouges sont employés avec les autres pour la fabrication de la tuile ; mais leur qualité trop ferrugineuse est réellement moins bonne que celle des argiles bleuâtres, que les ouvriers nomment communément *grises*.

souches séculaires de chêne-tauzin qui couvraient la pente serpentent encore horizontalement, déchaussées par les pluies journalières, sur le dos de ces crêtes.

C'est donc là que j'étais assuré de recueillir des cailloux appartenant *exclusivement* à la molasse absolument pure. Je les ai récoltés de la façon que j'ai exposée précédemment, au nombre de 388, du grand diamètre de 3 à 27 millimètres, et il n'y en a guère de plus gros. Il ne s'en trouve parmi eux qu'un petit nombre de rouges ou rosâtres, pris exactement dans les mêmes conditions sur des crêtes *colorées* de cette belle dénudation. Tous sont *roulés* (angles émoussés), mais les plus gros sont tous des fragments *anguleux;* les petits seuls ont acquis la forme plus ou moins sphéroïdale des grains de sable quartzeux.

Au bord supérieur de l'excoriation, sur ses côtés et dans ses ravinements, on a refoulé, en les rejettant de l'exploitation, les gros rognons au nombre d'une centaine dont près de la moitié métriques ou plus encore, et des fragments très-nombreux, de silex à Faujasia qui se trouvaient mêlés à la terre végétale ou à la partie remaniée et improductive de la molasse. Ces blocs sont de toutes les formes qui appartiennent à ce silex, soit tabulaires, soit massifs, souvent *polylobés* comme le sont les roches dures fortement battues par les eaux. Leur croûte est d'une propreté et d'une couleur pure, soit blanche, soit jaunâtre, qui montre bien que les influences atmosphériques n'ont pas encore eu le temps d'agir sur elle. L'un d'eux, de plus d'un mètre de grand diamètre, a attiré particulièrement mon attention, à raison des *stries* parallèles qui sillonnent faiblement mais régulièrement sa croûte, surtout dans les parties *concaves-arrondies*, où elles ne peuvent être que du fait des cailloux auxquels le courant faisait produire un remous dans ces cavités.

Maintenant que je sais que ces silex à Faujasia sont venus *d'ailleurs*, je ne saurais les quitter sans me demander encore une fois *quelle était la nature de leur gangue primitive.*

Si c'était un *sable* quartzeux comme à Uchaux et au Mans, — ou si c'étaient des *argiles* comme à Folkstone, — voilà les deux principaux membres de la molasse tout retrouvés, sans avoir à rechercher autre part leur origine : le lac d'eau douce les aurait reçus, lavés ou dissous, puis laissés se déposer, au commandement des courants importateurs, dans les différentes parties de son étendue, réunis ou plus ou moins bien triés.

Mais les fossiles que M. Coquand a signalés dans son *dordonien* de l'Angoumois et qui sont ceux de nos silex à Faujasia, — et le *Baculites anceps* que M. Arnaud (à Mussidan), M. F. Ladevi (à Saint-Astier), puis moi-même (à Lanquais) avons retrouvé dans ces rognons, comme on le trouve dans le silex de la craie de Maëstricht, rendent bien plus probable que leur gangue primitive (ainsi que l'avait présumé M. de Collegno), était une couche de *craie* maintenant détruite en entier ou presque en entier, dans le Périgord méridional du moins.

Ces noyaux se trouvent actuellement chez nous dans deux états différents, soit *entiers* (en forme de *miches de pain* de grandeurs très-diverses, recouvertes de partout par leur *croûte* siliceuse et grenue, blanchâtre, dont j'ai parlé dans le *Couzeau*), — soit à l'état *clastique* (en fragments anguleux mais *jamais* roulés, ou en masses parfois bimétriques de formes diverses et alors pourvues de croûte, ou enfin en masses tabulaires qui n'ont de croûte qu'en dessus et en dessous, et semblent les débris d'un banc stratifié). Les *miches* sont assez fréquemment renfermées l'une dans l'autre, et alors séparées (quoique adhérentes) par une mince fissure remplie d'une infiltration ferrugineuse ; la miche *intérieure* a sa croûte propre, comme l'extérieure, mais moins épaisse.

Je reviens à l'exploitation de molasse des Hautes-Roques :

Son déblai supérieur, que je viens de décrire, montre un petit nombre de blocs ou fragments de grès ferrugineux et de mine de fer, abandonnés comme trop pauvres.

Enfin, on y trouve aussi les cailloux ordinaires du *diluvium*, mais en quantité fort petite, parce que le diluvium n'a laissé que des traces extrêmement faibles de sa présence (traces indubitables pourtant) sur tout le plateau ondulé du massif des Hautes et Basses Roques et sur les premiers d'entre ceux qui les suivent, en marchant vers le Nord-Ouest.

Divisées, lavées par les pluies, les argiles rouges de l'exploitation ont laissé dans quelques-unes des petites *cuvettes* que la cassure conchoïdale des silex à Faujasia ouvre à la surface des blocs ou fragments, un dépôt très-pur, de couleur rouge-brique, formé d'argile pulvérulente et douce au toucher, de sable quartzeux excessivement fin, de gros sable et de quelques menus cailloux de même nature : c'est le dépôt molassique rouge, au complet et dans toute sa pureté.

Le sable quartzeux qui résulte du lavage des menus cailloux recueillis dans la partie blanche du dépôt est absolument le même, moins l'argile que le lavage a emportée.

Voici l'inventaire détaillé des 388 cailloux *de la molasse* que j'ai récoltés à la surface de l'exploitation :

Silex à Faujasia	1
Grès ferrugineux	3
Quartz hyalin vitreux, teint en rouge vif	1
Quartz grenu, porphyroïde, blanc	2
Quartz grenu ou hyalin, blanc ou rosâtre	381
	388

Le fragment de silex à Faujasia se trouve là par pur accident ; ses angles *vifs* en font foi : cet éclat, cette *paillette* du grand diamètre de 10 millimètres et de 3 millimètres de plus grande épaisseur a dû y être portée par les bourrasques si souvent violentes sur nos sommités, et peut aussi bien résulter d'un choc entre deux morceaux plus gros.

J'en dirais autant de l'un des grès ferrugineux (10 millimètres) décomposé en rouille ferrugineuse mêlée de sable fin, s'il n'était pas déjà tout naturel qu'il se trouvât là ; les deux autres n'ont que 3 $^1/_2$ et 8 millimètres.

Le quartz hyalin, *rougi* dans sa masse, ne me semble pas offrir une cassure vraiment aventurinée ; c'est un fragment anguleux et mamelonné, très-roulé, de 25 millimètres de grand diamètre.

On peut donc dire sans exagération que les cailloux de la molasse de cette localité sont tous en quartz blanc grenu ou hyalin. Parmi eux je dois signaler :

1° Un caillou — un seul — réellement *roulé* à la façon des cailloux de rivière : il est assez aplati, ovale et n'a plus d'angles du tout ; sa substance est un quartz blanc, grenu, vitreux ; son grand diamètre est au-dessous de 10 millimètres.

2° Deux fragments anguleux et un peu aplatis, de quartz grenu *porphyroïde, simulant la pegmatite,* blanc, à très-petits éléments disposés sous une forme schistoïde. Cette substance, si elle se présentait sous un volume un peu plus appréciable à l'œil, serait, par sa structure et par la douceur harmonieuse de ses tons, l'une des roches les plus élégantes qu'on puisse voir. La pâte quartzeuse est mate et d'un blanc laiteux très-pur ; elle paraît feuilletée, à cause des nombreuses linéoles courtes, horizontales, parallèles, interrompues, translucides, qui se détachent sur ce fond blanc. Ces linéoles sont dues à de petites *amandes* excessivement aplaties de quartz hyalin vitreux et incolore ; elles sont si nombreuses que j'en ai compté, à la loupe, une quinzaine d'étages dans la tranche d'un des deux fragments, épais de 3 à 4 millimètres. —

La détermination de ces deux jolis fragments « quartz *porphyroïde, simulant la pegmatite,* » a été créée pour eux, par notre professeur de géologie et de minéralogie M. V. Raulin, lorsqu'il m'a donné une preuve d'amitié que je puis bien dire non-seulement fatigante mais coûteuse, car il a bien voulu consacrer un bon nombre de ces heures dont l'emploi est disputé par tant de travaux, à venir au secours de mon impuissance en vérifiant, corrigeant ou complétant à la loupe, à la tenaille ou au marteau, les déterminations que j'avais ébauchées de TOUS les cailloux (2,934!) dont je fais mention dans ce mémoire. C'est donc avec une confiance absolue et abondamment justifiée par son long séjour près de M. Cordier, que j'en puis offrir aux géologues la nomenclature détaillée.

En dehors des sept fragments que je viens de signaler individuellement, tout le reste de ma récolte (381 menus cailloux) offre une parfaite uniformité de caractères essentiels. Ce sont des quartz du terrain primitif, hyalins ou bien plus fréquemment grenus, naturellement blancs, dont un quart environ est teinté, par imbibition, de rose ou de rosâtre et, pour un petit nombre, de jaune rubigineux ou de jaunâtre. Ceux dont la texture est grenue sont pour la plupart anguleux, aplatis, comme s'ils provenaient de petits lits brisés. Leur cassure pourrait être dite *saccharine*, tant elle ressemble à celle de certains marbres statuaires. Leur dureté est faible et leurs petits éclats s'écrasent parfois en poussière blanche qui pourtant raye hardiment le verre. Souvent ils montrent une surface grumeleuse, comme les géodes de quartz confusément cristallisé qu'on trouve dans le deuxième étage de nos craies, dans les champs de la Saintonge et rejetées par l'Océan sur les côtes de la Gironde.

Lorsque ces grains ont séjourné un peu longtemps sur les *crêtes* de l'exploitation, on les voit attaqués par les filaments capillaires, d'un vert noir, de l'hypothalle — et parfois ornés des apothécies du *Lecidea atro-alba* Ach., Fries ; *Rhizocarpon confervoïdes* DC. Fl. Fr. —

Ces petits graviers ou fragments de formes diverses sont tous roulés (angles émoussés) ; mais jamais, sauf un seul dont j'ai parlé plus haut, ils ne m'ont offert le genre de *roulement* parfait (oviforme, phaséoliforme ou subglobuleux) des *cailloux de rivière* ou *galets*. Donc, ils ne viennent pas de très-loin et n'ont pas été roulés longtemps ou avec violence.

J'ai profité de ma course aux Hautes-Roques pour visiter, outre les exploitations déjà comblées, deux puits à eau nouvellement creusés dans les argiles rouges ou maculées et qui se comportent comme si leurs parois étaient ouvertes dans un seul et même bloc de pierre. Ces puits, un abreuvoir à bestiaux et une petite exploitation abandonnée entre Lanquais et les Roques, ne m'ont offert aucune observation à noter, si ce n'est l'impossibilité absolue d'apercevoir un seul bloc ou gros fragment de silex à Faujasia dans le vif des escarpements. Quant aux cailloux, ce sont absolument les mêmes qu'aux Hautes-Roques.

Il en est de même du grand et pittoresque ravin des Basses-Roques, dont j'ai parlé sommairement dans les premières lignes de la page 78 du *Couzeau*. Je l'ai remonté en entier cette année (exercice très-désagréable !) : il offre de belles veines d'argile *violette*, et ses escarpements, inclinés à environ 45° et parfois davantage, mettent à nu une épaisseur de molasse pure de 6 à 7 mètres. J'y ai vu un bloc de silex à Faujasia *saillant* de la paroi, mais à la jonction de la molasse pure et de la molasse remaniée qui forme le sol du côteau.

J'ai décrit dans le *Couzeau* (p. 75) le bel escarpement de molasse sableuse mêlée d'argiles bigarrées, du *Trou de la terre*. Je n'en reparlerai donc pas aujourd'hui, et j'en viens à signaler de simples affleurements.

C. *Affleurement de molasse rouge du* pied de la Peyrugue, *commune de Lanquais.*

J'en ai parlé brièvement à la page 75 du *Couzeau* ; mais j'en ai parlé imprudemment, de mémoire, en disant qu'il est *lardé* de silex à Faujasia, car, cette année, je n'ai pas pu en voir en seul, même petit, sortant du vif de l'escarpement actuel que les pluies, l'usage du chemin de charrettes et le creusement récent d'un petit abreuvoir à bœufs modifient et renouvellent sans cesse.

J'ai extrait 90 cailloux (ou plutôt *grains* de sable quartzeux) de 3 à 25 millimètres de grand diamètre, *un à un*, du vif de ce petit escarpement, et je les ai interrogés à la loupe et à la tenaille. Tous, absolument tous, sont de quartz hyalin blanc ou bleuâtre, teinté de rouge-brique (environ la moitié) quand ils sont pris dans les parties *sanglantes* et soumis à un simple lavage à froid. Quant à leur structure, c'est du quartz hyalin vitreux, laiteux, ou parfois faiblement avanturiné. Quant à leur forme, c'est tantôt le sphéroïde irrégulier, mamelonné, destiné à se résoudre en simples grains sphéroïdaux de sable, ou bien ce sont des fragments aplatis et anguleux, dont les angles sont toujours émoussés et arrondis. Quant à leur aspect physique, c'est une demi-transparence rendue luisante et comme huileuse par les frottements combinés du sable fin et de l'argile. Quant à leur position dans l'escarpement, ce sont de petites veines minces qui traversent l'argile suivant un plan plus ou moins rapproché de l'horizontal. Quant à leur nombre enfin, il n'est pas grand, et ceux dont le plus fort diamètre dépasse 10 millimètres et qui sont toujours aplatis sont fort rares : sur les 90 grains récoltés, il n'y en a guère qu'une demi-douzaine de cette taille.

L'argile est maculée de blanc, de jaune et de bleuâtre, comme partout; mais sa majeure partie dans cette localité, est *sang de bœuf* quand elle est mouillée, passant au rouge de brique par la dessiccation, et au rose briqueté par une dilution étendue. Elle est excessivement compacte et dure, presque comme de la pierre, en certains endroits de ses parties les plus rouges. Aucun des grains de quartz n'est primitivement rouge ou rougeâtre ; leur coloration, superficielle et pénétrante, est plus ou moins fugace.

L'escarpement, comme à l'ordinaire, est recouvert de molasse remaniée et mêlée aux terres et cailloux diluviens qui descendent de la Peyrugue, et c'est là seulement qu'on peut dire avec vérité que le terrain est *lardé* de silex à Faujasia.

D. *Affleurements de molasse de la* Vigne de Beynerie, *commune de Lanquais.*

Le côteau qui porte cette vigne fait partie du rideau dont est formé le flanc Est du vallon de Lanquais ; il est très raide et s'étend du *Mayne* aux *Oliviers*, ayant à ses pieds, sur la rive gauche du Couzeau, le bourg de Lanquais, et sur sa rive droite le château du même nom.

Ce rideau est couronné par le plateau du massif qui sépare le vallon du Couzeau de celui de la Couze.

Les terres arables du plateau sont *diluviales*, argileuses, rougeâtres, et un *diluvium* caillouteux très-abondant est mêlé à ces terres. Le *diluvium* pur, argile, sable et cailloux, se montre avec une certaine puissance sur le versant Nord de ce massif de côteaux, des *Bourbous* à *Couze* ; je l'ai décrit et figuré dans le *Couzeau*, pp. 129 à 136.

La *Vigne de Beynerie* est située très-près du sommet du côteau, tout juste vis-à-vis le sommet de la *Peyrugue*, mais moins haut qu'elle (approximativement) de 8 ou 10 mètres. Les sables de la molasse et ses argiles affleurent sur une grande partie de la pente Ouest du côteau, couverte de taillis, et des trous de mine fort nombreux ont été ouverts à diverses époques sur cette pente et dans la vigne elle-même, où le terrain est par conséquent très-fortement remanié.

Il y a 35 ans environ que, pour achever la clôture du bord supérieur de ce vignoble, un petit fossé d'un mètre de profondeur, courant N.-S., fut creusé dans la molasse argilo-sableuse blanchâtre, et les matériaux jectisses qu'on en retira sont restés depuis lors en tas à cette place exposée à toutes les influences atmosphériques : je les ai constamment eus sous les yeux, et reconnus intacts jusqu'à ce jour.

J'y ai recueilli *un à un*, ou par pincées de trois ou quatre dans les érosions de ce tas, puis trié à la loupe, et interrogé à la tenaille 785 cailloux roulés ou anguleux, du grand diamètre de 2 à 15 millimètres.

Il est bien certain qu'il n'appartienent pas *tous* à la molasse du fossé, parce qu'il est impossible qu'il ne s'y soit pas mêlé une quantité quelconque de cailloux de la couche superficielle, qui appartient au *dilurium;* mais cette quantité très-faible est facilement appréciable de trois façons :

1° *Empiriquement*, puisqu'il s'y trouve des cailloux assez gros, tandis que ceux de la molasse pure sont presque tous très-menus ;

2° *Expérimentalement*, puisqu'il s'y trouve des cailloux véritablement roulés et polis de toutes parts, oviformes ou globuleux, — vrais cailloux de rivière en un mot, qui fourmillent dans le *dilurium* et ne se rencontrent point dans la molasse pure ;

3° Enfin *scientifiquement*, parce qu'il s'y trouve des substances minérales qu'on ne recueille point dans la molasse.

La confusion des deux origines n'est donc possible que pour les menus graviers quartzeux, qui peuvent se trouver également dans l'un et dans l'autre dépôts et qui, bien souvent, ne sont présents dans le second que parce qu'ils ont été arrachés au premier.

C'est donc au point de vue *minéralogique* seulement que j'en fais un triage où les erreurs restent possibles, mais nécessairement en petit nombre. Sur les 785 cailloux, j'en attribue à la molasse :

Mine de fer et grès ferrugineux plus ou moins altéré.	60
Quartz compacte blanc	1
Quartz hyalin ou grenu, mat, laiteux, blanc, gris-jaunâtre-rubigineux, rosâtre, rose, rouge, parfois avanturiné, assez souvent fissile et se brisant en losange	683
A reporter.	744

Report 744

De plus, sur *trente* cailloux roulés du grand diamètre de 12 à 35 millimètres, recueillis à la même place, la molasse revendique :

Quartz des mêmes variétés que les 683 ci-dessus 4

Total général, sur 815 cailloux de 2 à 35 millimètres. 748

§ II. — Cailloux du diluvium.

Pour justifier cette dénomination que je continue, du moins *provisoirement,* à employer malgré la réserve faite par M. Elie de Beaumont lorsqu'il déposa mon *Couzeau* sur le bureau de l'Académie des sciences, je demande qu'il me soit permis de renvoyer le lecteur aux *Observations* placées vers la fin du présent mémoire et qui commencent par ces mots : « Arrivé au terme de l'étude, etc. »

A. *Diluvium de la* Vigne de Beynerie, *commune de Lanquais.*

Je le choisis pour l'étude détaillée de nos cailloux diluviens, parce que cette étude est intimement liée, ainsi que je l'ai dit tout-à-l'heure, à celle des cailloux de la molasse de la même localité.

I. Après avoir retiré des 785 *menus* cailloux que j'y ai recueillis, les 744 que je crois devoir attribuer sans hésitation à la molasse, il m'en reste 41, qui doivent être répartis ainsi qu'il suit :

Porphyre gris, décomposé, du terrain primitif.	1
Roche quartzeuse noire, du terrain primitif.	1
Quartz hyalin ou grenu, des mêmes variétés que les 683 attribués à la molasse.	31
Croûte (en quartz nectique) de silex de la craie	4
Silex à Faujasia.	4
	41

J'ajoute maintenant, sur les 30 cailloux du grand diamètre de 12 à 35 millimètres récoltés en même temps, les *vingt-six* qui semblent appartenir sans conteste au diluvium, savoir :

Mine de fer et grès ferrugineux	2
Quartz hyalin, porphyroïde, rouge et blanc.	1
A reporter.	44

Report	44
Quartz hyalin ou grenu, des mêmes variétés que les 683 attribués à la molasse.	21
Silex à Faujasia.	2
Total des cailloux qui, sur les 815 récoltés, appartiennent au diluvium.	67

Abordons maintenant un autre point de vue, qui doit faire le sujet principal et nous faire atteindre le but final de cette étude, — je veux dire la *faculté de résistance* des diverses substances minérales au roulement que le transport par des courants violents ou prolongés leur fait subir.

Nous opérons donc sur 815 cailloux, savoir :

Mine de fer et grès ferrugineux	62
Porphyre gris, du terrain primitif.	1
Quartz hyalin, porphyroïde, ou grenu, de toutes couleurs . .	740
Quartz compacte blanc	1
Roche quartzeuse noire, du terrain primitif.	1
Croûte (en quartz nectique) de silex de la craie.	4
Silex à Faujasia.	6
	815

Le porphyre primitif contient des silicates et souvent du quartz en nature. Le grès ferrugineux est composé pour la majeure partie de sa masse, de grains de quartz. Il peut d'ailleurs, comme la mine de fer, provenir de la localité même où je l'ai recueilli, car elle a été criblée de puits de mine. Les silex nectiques des croûtes et les silex à Faujasia, enfin, ne sont autre chose que des quartz ; en sorte que nous avons pour résultat définitif de l'examen des 815 cailloux, sous le rapport de l'éloignement de leur provenance :

Cailloux *non* transportés de très-loin	72
Cailloux transportés de très-loin	743
	815

Et quant à leur nature propre, la mine de fer pure est certainement bien aussi résistante que le quartz lui-même, et l'on ne trouve pas, parmi tous ces fragments, un seul caillou calcaire.

Donc, on peut dire avec vérité que, sauf le métal (fer) et un seul caillou de porphyre où la silice a *protégé* et consolidé le feldspath, le quartz SEUL (la silice) a résisté au transport diluvien.

II. Dans la même *Vigne de Beynerie*, mais plus bas, au-dessous de la métairie du Pech-Nàdal, d'un autre affleurement de molasse, et sur un point (au bord du chemin de service) où les fragments de *scories de fer* attestent par leur fréquence la présence d'une forge *antique*, — et par conséquent dans la *terre végétale* remuée pendant bien des siècles, j'ai récolté, *un à un*, 493 grains du grand diamètre de 3 à 15 millimètres.

Ces grains sont plus souvent *complètement roulés* que dans la molasse presque pure du fossé supérieur du vignoble, moins propres, moins luisants, et les teintes brunes et jaunes y dominent. La cassure en losange s'y voit aussi, mais bien moins fréquente dans ceux du *diluvium* que dans ceux qui viennent de la molasse. La forme sphéroïdale est, comme de juste, bien plus commune au contraire, pour les grains un peu plus gros (4 à 10^{mil}) que dans la molasse ; elle est manifestement dominante pour les quartz hyalins et amorphes.

Les silex à Faujasia sont, là, bien plus abondants que dans la molasse jectisse du haut du vignoble, plats, anguleux, fort émoussés sur leurs angles, et l'on ne saurait s'en étonner, puisque les gros fragments à angles vifs et coupants de la même substance se montrent en nombre immense dans le sol meuble de cette partie du vignoble.

Le dépouillement, à la loupe et à la tenaille, des 493 cailloux m'a donné :

Roche quartzeuse noirâtre, primitive.		1
Quartz talqueux primitif.		1
Scories de forges antiques.		7
Mine de fer et grès ferrugineux souvent très-altéré et même *terreux*, à poussière jaune ou rouge		109
Silex à Faujasia, ou croûte de silex.		36
Quartz des diverses variétés détaillées plus haut, savoir :		
Gris	2	
Blanc ou plus ou moins rubigineux	112	339
Plus ou moins teinté de rouge	225	
		493

Si, maintenant, nous considérons que *tous* les cailloux recueillis à la *Vigne de Beynerie*, gros ou petits, au nombre de

$$815 + 493 = 1{,}308$$

appartiennent soit à la *molasse*, soit à mon *diluvium*, soit à une forge antique, et que ces débris ont été plus ou moins longtemps *roulés par l'effet des pluies*, nous n'hésiterons pas à les réunir tous dans une même appréciation, et à demander à leur ensemble le bilan définitif de sa composition. Le voici :

Scories de forges antiques	7
Porphyre du terrain primitif.	1
Substances quartzeuses (en y comprenant le minerai de fer et les grès ferrugineux, où il ne se trouve, en outre du métal, que des grains ou parcelles de quartz).	1,300
	1,308

Remarquons : 1° que les scories de forges sont prises là même où l'industrie antique les a formées et laissées ; 2° que, dans le porphyre, la silice *protège* les substances qui lui sont unies ; et 3° enfin, que le minerai de fer est bien rarement pur dans nos minières, mais presque toujours mêlé de quartz en sable ou en grains.

Voilà donc un résultat acquis, et il n'est pas sans importance. Tout cela vient du Périgord lui-même, de l'Angoumois ou du Limousin (1),

(1) Nos quartz roulés, avanturinés ou non, du *diluvium*, sont absolument identiques à ceux qui, en si grande abondance, servent au macadam des routes du Limousin, et qui proviennent du terrain primitif de cette province. C'est évidemment de là qu'ils nous viennent ; la pente naturelle du plateau de la Haute-Vienne les a amenés sur celui du Périgord, par l'action des courants diluviens, avant que le façonnement et surtout le creusement actuel des vallées fussent amenés au point où nous les voyons. — J'ai voulu obtenir une certitude complète relativement à cette provenance de nos cailloux diluviens, et mon jeune ami et collègue, le Dr Paul Fischer, aide-naturaliste au Muséum, a bien voulu se charger de soumettre les échantillons envoyés par moi, à l'examen de MM. Daubrée et d'Archiac. Voici la réponse textuelle qui m'a été transmise, avec l'assurance que ces illustres professeurs acceptent complètement mon opinion au sujet de l'origine et du dépôt de nos cailloux périgourdins : « Quartz hyalin, « micacé, provenant de la désagrégation de filons et de veines de quartz traversant « des roches cristallisées (granites, gneiss et pegmatites) du plateau central de la « France. » *(Note ajoutée pendant l'impression.)*

provinces limitrophes de la nôtre, et tout ce qui n'est pas fer ou *siliceux* a été fondu, dissous, détruit, en un mot a passé à l'état de *terre végétale* ; la silice seule ou presque seule a résisté aux effets du roulement.

Avant de quitter la station si riche de la *Vigne de Beynerie*, je vais décrire en quelques mots les blocs de *poudingues ferrugineux* (grès ferrugineux à gros éléments) qui y sont nombreux à la crête qui la sépare de la pente N. du côteau, pente qui a fourni une grande quantité de puits de *minerai de fer*.

La composition de ces blocs, dont j'exposerai quelques formules, et dont quelques-uns sont ou étaient *métriques* lors de leur extraction du sol, prouve qu'ils appartiennent au DILUVIUM où, comme je l'ai dit dans le *Couzeau*, p. 79 (*ad calcem*), on trouve parfois du minerai de qualité inférieure. Les poudingues de Beynerie existent également dans bien d'autres localités et dans les mêmes conditions, particulièrement à la Peyrugue. Leurs quartz sont toujours véritablement *roulés*, à l'état de *galets*.

No 1. Le ciment ferrugineux n'empâte que des grains de quartz hyalin blanc, gris ou jaunâtre-rubigineux, mais aucun qui soit teinté de rouge. Ces grains sont assez égaux, et de moins de 15 millimètres de grand diamètre.

No 2. La pâte est moins dure, argilo-sableuse, à peine solidifiée par une infiltration ferrugineuse. Les cailloux sont plus gros, le quartz jaunâtre ou gris, un seul rougeâtre. On y voit aussi un fragment d'une substance feuilletée et micacée, jaunâtre, ayant l'apparence d'un gneiss altéré (les roches micacées sont rares dans le *diluvium*).

No 3. Plus terreux encore que le précédent, et d'un jaune brunâtre. Ses cailloux sont de grosseurs très-inégales ; ce sont des quartz blancs, jaunâtres, rarement rougeâtres. On y voit aussi deux fragments qui paraissent appartenir au silex à Faujasia, et deux ou trois autres qui ont l'apparence de la craie, et qui ne sont que des débris de la *croûte* de ses silex, si facile parfois à confondre avec la craie, quand on n'a sous la main ni verre à vitres ni réactifs.

No 4. Gros bloc, dont le ciment est fort dur, ne contenant que des grains de quartz blanc ou jaunâtre, et un petit nombre de cailloux roulés, plus gros, de quartz blanc.

Pour me résumer, voici l'indication *sommaire* des natures diverses de cailloux qu'on rencontre dans la *Vigne de Beynerie* et ses environs immédiats, jusques et non compris les terres arables qui reposent immédiatement sur la craie (la molasse y ayant disparu) et où, par conséquent, les *pierres* de craie *brisée en fragments* abondent dans le sol.

1° Jamais de *cailloux roulés* de CRAIE, ni gros ni petits. Si l'on y trouve des fragments ou parcelles de craie, ils proviennent, comme les tuileaux qu'on y rencontre aussi, des bâtisses ou des transports actuels.

2° SILEX A FAUJASIA entiers (en *miches,* ou de forme irrégulière ou tabulaire) ou à l'état de fragments. Je crois y avoir rencontré à-peu-près toutes les variétés de couleur et de grain qui me sont connues dans nos environs et dont je ne donne pas le détail : elles sont innombrables. Selon que leur cassure est ancienne ou récente, les angles sont émoussés ou vifs et tranchants ; mais cette substance ne se présente JAMAIS à l'état de *cailloux* véritablement *roulés*, d'où ressort la preuve que son point de départ n'est pas à une grande distance. — La *croûte* de ces silex est souvent fort épaisse, blanche ou teintée de jaune ferrugineux ou de rougeâtre ; lorsqu'elle est peu épaisse et que son grain est fin, elle peut recevoir le nom de *cacholong*.

3° CAILLOUX ROULÉS DE LA MOLASSE, *tous* en quartz hyalin, grenu ou mat, originairement blanc et rarement gris ou bleuâtre, accidentellement teinté par le fer en jaune ou en rouge.

4° MINERAI DE FER, roulé ou non, de toutes formes et à tous les degrés d'altération, souvent géodique, assez souvent à l'état d'*aétite*. — GRÈS FERRUGINEUX de tout grain, altéré ou non, roulé ou non. — Ces deux substances (mine et grès) qui, se mêlant ensemble et passant parfois de l'une à l'autre, constituent le dépôt des *fers du Périgord*, ont pour gisement normal la partie supérieure de la molasse, et pour gisement accidentel le *diluvium*. — Exploitées par les forges à bras des temps *antiques*, elles donnent naissance aux SCORIES, roulées ou non, qu'on trouve avec elles à certaines places.

5° POUDINGUES FERRUGINEUX à gros et à petits éléments (presque exclusivement quartzeux) ; ils ont été formés dans le *diluvium*.

6° CAILLOUX ROULÉS DU DILUVIUM, savoir :

a) *Silex* de couleur poix de Bourgogne, très-dur, à croûte blanchâtre, provenant vraisemblablement du 3e étage de la craie, parfois pseudomorphique (polypiers rameux). RR.

b) *Silex* pyromaque noir ou gris, à croûte blanchâtre, grenue ou de cacholong très-fin, provenant du 2e étage de la craie, souvent en boule avec ou sans un corps organisé au centre et passant parfois alors à la décomposition *nectique* à l'intérieur ; souvent aussi pseudomorphique (polypiers rameux, *Siphonia* etc.). C.

c) *Pyrites* en chou-fleur (décomposées), provenant de la craie du 1er ou du 2e étage. RR.

d) *Silex* d'eau douce brun, avec Limnées et Planorbes, provenant du *calcaire d'eau douce* siliceux *blanc du Périgord*. RR.

e) *Silex* d'eau douce sans fossiles (meulière), blanchâtre, ou blond. AR.

f) *Silex résinoïde*, brun, sans fossiles, caractéristique de notre *diluvium*, et provenant probablement des meulières de la Bessède. AC.

g) *Quartz* schistoïde micacé. RR.

h) *Quartz* grenu, fin, rouge, avec quartz fibro-rayonné blanc. RR.

i) *Quartz* grenu, fin, jaunâtre, présentant une structure *zonaire* remarquable, visible surtout par l'effet du roulement à la surface du caillou; les zones présentant parfois une structure *fibreuse* (M. Raulin regarde cet échantillon, le seul que j'aie rencontré à Lanquais, comme rare et curieux).

j) *Quartz* hyalin amorphe, avanturiné, de diverses couleurs, provenant du Limousin, en cailloux toujours parfaitement roulés.

k) *Quartz* hyalin ou mat, vitreux, laiteux ou grenu, mais non avanturiné, de diverses couleurs, en cailloux toujours roulés, provenant du terrain primitif.

Ces deux sortes de quartz fournissent l'immense majorité de nos cailloux diluviens. Leur grosseur est, presque sans exceptions, *infra-pugillaire,* et le plus souvent réduite à la dimension d'un œuf, d'une noix, d'une noisette ou d'un pois.

En terminant cet article, je crois devoir grouper synoptiquement les diverses variations qu'offrent nos quartz du *diluvium*, sous le rapport de leur structure et de leurs couleurs.

Couleurs. — Blanc, enfumé, grisâtre, gris, noir, jaune-rubigineux, rosâtre, rose, rougeâtre, rouge foncé, violacé.

Structure. — Mat (blanc laiteux), gras (mat luisant), translucide, transparent (très-rare), grenu-vitreux (d'aspect *poreux* à la loupe, provenant du mélange de grains cristallins plus purs et plus sombres, et de parties lamelleuses), avanturiné (quand les parties lamelleuses dominent et sont miroitantes), saccharin (quand la cassure rappelle le grain d'une belle cassonade), jaspoïde (quand il est sans aucune translucidité), fissile enfin (quand il semble disposé comme des couches ligneuses). — Croûte parfois rougie par le fer, bien que la masse de l'échantillon n'en soit pas atteinte.

Mélange des couleurs. — Le plus souvent, la coloration rouge, rose ou rubigineuse, due au manganèse ou au fer, est postérieure au *roulement* du caillou, et alors elle est *pénétrante* par imbibition, c'est-à-dire non uniforme, mais moins intense vers le centre que vers les bords. C'est ainsi que j'ai rencontré un échantillon moitié jaunâtre et moitié rougeâtre en dedans. — Souvent aussi, par suite de la différence de structure des éléments de l'échantillon, la coloration y pénètre d'une manière inégale, et il résulte de là un faciès tacheté de rouge, rose et blanc, ou de jaune rouilleux et blanc, qui rappelle les marbres bigarrés connus sous le nom de *cervelas*, soit à l'extérieur, soit même en dedans.

Un mot encore. On a pu remarquer que j'ai cité dans le *Couzeau* (pp. 125, 126, 131) à la Redoulie, au Trou-de-la-Terre et entre les Bourbous et Couze, des roches granitoïdes ou du moins *micacées* dans le *diluvium*, tandis que je n'en ai jamais pu apercevoir que *deux* fragments à la Vigne de Beynerie et à la Peyrugue, localités bien plus élevées que les trois précédentes. Il ne faut pas voir dans cette particularité une différence essentielle entre les dépôts d'en haut et ceux d'en bas, mais *peut-être* une sorte de *transition* chronologique et matérielle à la fois, qui rapprocherait les premiers des seconds, comme il en existe une analogue entre les cailloux du 1er et ceux du 2e lits de la Dordogne. En matière de dépôts géologiques, il y a bien souvent lieu d'appliquer l'adage linnéen « *Natura non facit saltum* » ; et il est prudent de faire quelquefois cette application, car ils ont pu se succéder l'un à l'autre sans interruption absolue ou très-longue, se mêler même l'un à l'autre, comme nous l'avons vu plus haut pour la molasse et les silex à Faujasia.

B. *Diluvium d'autres localités.*

A la liste déjà riche de *Beynerie*, et pour compléter autant que je le puis l'inventaire de notre *diluvium* périgourdin, il ne sera peut-être pas entièrement superflu de joindre les noms de quelques substances ou variétés notables que j'ai rencontrées, soit très-rarement, soit en très-petite quantité, soit enfin dans des localités où je n'ai pas fait de recherches suivies comme j'ai pu le faire dans celle-ci.

Communes de Lanquais et de Varennes.

l) Meulière en boule, avec infiltration ferrugineuse au centre (Bidou, L.) (1); un seul échantillon.

m) Géodes quartzeuses dans la mine de fer. R.

n) Géodes d'agate mamelonnée. R.

o) Géodes rubanées du silex à Faujasia. R.

p) Porphyre gris, du terrain primitif (La Gaillardie, L.). R.

q) Quartz presque compacte, du terrain primitif, teinté de rouge, à structure *schistoïde* (id.). R.

r) Roche granitique rougeâtre, à gros éléments, peu micacée (V. entre les Bourbous et Couze).

s) Quartz hyalin blanc laiteux, avec cristaux de mica doré (Hyalomicte) (La Peyrugue, L.). RR.

t) Quartz hyalin cristallisé (caillou du Médoc), très-roulé et dépoli (id.); un seul échantillon.

u) Fragment d'*Ostrea vesicularis* silicifié et couvert d'orbicules siliceuses (La Redoulie, L.); un seul échantillon.

v) Mine de fer *pisiforme* (id.). C.

x) Quartz grenu gris-noirâtre, ou gris-verdâtre à surface roulée comme huileuse (id. et V. entre les Bourbous et Couze.) L'un et l'autre fort durs et provenant du terrain primitif. R.

y) Gneiss peu micacé, en voie de désagrégation (id.).

z) Roches granitiques avec mica noir, en voie de désagrégation (id.).

aa) Gneiss très-fin, blanchâtre, faiblement micacé (id.).

bb) Gneiss rose, très-chargé de mica noir (Gravière du *Trou-de-la-Terre*, L.).

cc) Tourmaline bacillaire noire, avec un peu de quartz (au Brel, L.) R.

dd) Roche quartzeuze et micacée, noirâtre, à grains très-fins, pesante et très-dure, du terrain primitif (L.). Le seul échantillon que j'en connaisse a acquis un poli remarquable; il est roulé en forme de cylindre aplati.

ee) Silex pyromaque brun noirâtre violacé, à cassure esquilleuse (Les Roques, L.).

---

(1) Dans cette liste, l'abréviation L. remplace les mots *commune de Lanquais*, et V. remplace *commune de Varennes*.

ff) Silex jaspoïde brun, fissile (L.).

gg) Phonolite noire, d'un grain excessivement fin, laissant voir, sur ses faces dénudées par les agents atmosphériques, de petites aspérités amygdaliformes, probablement dues à des parties feldspathiques plus résistantes à la décomposition (Les Roques, L.); un seul échantillon.

hh) Quartz grenu, avec tourmaline brune en aiguilles fines, divergeant en éventail en divers sens (V. à Monsagou). RR.

Autres communes.

a') Mine de fer pisiforme, agglomérée en boule très-dure (La Rampinsolle, près Périgueux), un seul échantillon.

b') Quartz avanturiné noir (Saint-Sulpice-de-Lalinde); un seul échantillon.

c') Molaires d'éléphant (......).

d') Défense d'éléphant dont j'ai parlé, ainsi que des molaires ci-dessus, dans le *Couzeau*, p. 124 (Monsac).

e') Phonolite noire et très-dure, dont la surface est grise, lisse par l'effet du roulement, et régulièrement parsemée de taches blanchâtres en forme de *pétéchies*, sorte de décomposition partielle que rien ne fait soupçonner dans la cassure fraîche. J'ai rencontré ce beau et remarquable caillou à plus de 50 mètres au-dessus de la Dordogne, et comme sa nature volcanique rend très-improbable sa présence dans le *diluvium* de nos plateaux, je présume qu'il a été porté *accidentellemnt* à cette hauteur dans un charroi de *cailloux de rivière;* et, en effet, j'ai trouvé son pareil, mais plus petit, dans le lit *actuel* du fleuve, entre Saint-Capraise et Lalinde (1). — Le caillou que je décris provient de la partie haute des côteaux qui dominent la rive droite de la Dordogne, au-dessus du lac des Mérilles, commune de Saint-Capraise-de-Clérans.

f') Une masse de quartz grenu, blanchâtre, renfermant des lames minces, fasciculées, divergeant en éventail en différents sens, d'une ma-

(1) Mon opinion me semble justifiée par cette circonstance, que le caillou dont il s'agit est dans l'état où sont toutes les phonolites qui ont subi le roulement dans le fleuve actuel, c'est-à-dire *sans croûte* de kaolinisation, tandis que celles qu'on trouve dans le sol ou à sa surface depuis longtemps émergée, sont munies d'une croûte kaolinique souvent fort épaisse.

tière à grain très-fin, qui paraît être de la tourmaline brune. (Certaine analogie peut-être, entre la disposition de cette matière brune et celle du mica palmé de la pegmatite des Pyrénées. Si l'on avait pu s'assurer que cette matière est réellement de la tourmaline, il n'y aurait aucune différence entre cet échantillon et les deux autres que j'ai rencontrés dans le 1er lit (à Monsagou, V., et dans le 2e lit (à La Bardette, Saint-Aigne, voir le § suivant). Tous trois sont de quartz grenu, et tous trois offrent la même disposition *divergente* des lames (canton de Saint-Astier? trouvé par M. de Dives).

§ III. — **Cailloux du 2e lit de la Dordogne**.

A. *Gravière de* La Bardette, *commune de Saint-Aigne.*

A la page 138 de mon *Couzeau*, j'ai donné la coupe de la carrière de *Monsagou,* qui m'avait fait connaître avec certitude les traits principaux de la composition du dépôt dont est rempli le 2e lit de la Dordogne (*Alluvion ancienne* selon mon premier mémoire ; *diluvium* selon les réserves de M. Élie de Beaumont, rappelées ci-dessus). Cette carrière située dans la falaise même et un peu au-dessus du fond du 2e lit, pouvait présenter et présentait en effet quelque mélange, surtout *dans ses parties supérieures*, à cause du voisinage de la terre du 1er lit qui lui est superposée, — et *latéralement* aussi, parce qu'elle était située au débouché d'un ravin descendant de la Peyrugue. Elle n'existe plus en 1865 ; ouverte dans un angle rentrant de l'embouchure de ce ravin, on l'a cachée sous des terres qui ont remplacé par un pré tout le penchant de la berge de cet affluent momentané. Je n'ai donc pu y faire les études plus détaillées que je me promettais pour cette année ; mais ces études n'y ont pas perdu, car je les ai effectuées dans un lieu plus favorable, *au milieu même* du 2e lit, en sorte que la composition du terrain n'est même plus influencée par le voisinage immédiat de sa berge.

La vaste gravière que j'y ai étudiée est celle de *La Bardette*, ouverte dans un champ dépendant de la métairie du même nom (appartenant à M. Deschamps, de Monsac). Elle est située dans la commune de Saint-Aigne, à distance à-peu-près égale de la berge du 2e lit (rive gauche) et de la berge de la vallée de la Dordogne (rive droite) large en cet endroit d'un demi-kilomètre (plutôt plus que moins), et aux deux tiers de la distance de la première de ces berges au bord actuel du fleuve. Elle est à l'Ouest et tout près d'un ravin formé par le ruisseau qui descend de Saint-Aigne à la Dordogne, et les graviers qu'elle fournit sont destinés à l'empierrement et à l'entretien du chemin de grande communication qui va du port de Mouleydier à Lanquais, avec embranchement sur Laussine (village de la commune de Varennes) passant au pied de la berge du 2e lit.

Le sol dans lequel la gravière est creusée, est parfaitement uniforme. C'est un sable quartzeux grossier, à grains pour la plupart d'un quart, d'un tiers ou d'un demi-millimètre, rude au toucher et pourtant *très-coulant*, même à l'instant où on le fait tomber des parois verticales de l'excavation. Il n'est mêlé que de peu de particules plus fines, que la dessiccation détache de la surface des cailloux, et l'élément calcaire qui doit pourtant s'y rencontrer à une dose quelconque quoique faible (c'est une terre à seigle), ne s'y laisse point discerner, même à la loupe. Sa couleur, due à l'oxide brun de fer si répandu dans nos contrées, est celle de la *terre d'ombre foncée*, et l'aération, même au bout de quelques jours, n'en éclaircit pas sensiblement la teinte. Le papier dans lequel j'en ai recueilli deux ou trois poignées n'était pas même sensiblement humide le lendemain, tandis que cinquante heures d'aération n'ont pas suffi pour dessécher même l'extérieur d'une boule, grosse comme un œuf de poule, de craie jaune du 1er étage, à la fois cristalline et poreuse, grenue et très-grossière, seul fragment roulé de la craie de cet étage, — et en même temps *seul fragment de roche calcaire* (!) que j'aie aperçu parmi les cailloux roulés, gros ou petits, de cette gravière, pendant une recherche de deux heures.

Les cailloux y dépassent rarement la grosseur du poing, mais il y en a quelques-uns de céphalaires. Les plus apparents varient de la dimension d'un œuf de poule à celle d'un œuf de dinde ; les autres, plus souvent subglobuleux qu'aplatis, mais presque toujours fortement roulés et changés en vrais galets de rivière, se lient par une dégradation insensible à la dimension des plus forts grains du sable qui forme le terrain. Leur abondance est telle qu'on peut dire sans exagération qu'ils se touchent et que la terre végétale, en poussière impalpable, est réduite à n'occuper que leurs interstices. La profondeur de l'excavation est de trois mètres au plus.

Je n'ai pas ramassé en proportions égales toutes les natures de *gros* cailloux ; j'avais intérêt à rechercher particulièrement les diverses variétés de roches éruptives d'Auvergne, qui caractérisent ce dépôt d'une manière si spéciale ; mais quant aux basaltes avec olivine, ils y sont si communs et si peu variés que je n'en ai récolté que peu d'échantillons. Il en est de même des roches granitoïdes, qui offrent des variétés innombrables.

Je ne dois pas passer sous silence cette remarque importante, à savoir que les beaux *quartz avanturinés*, rouges et jaunes, du Limousin, si abondants dans notre *diluvium* des sommités et des plateaux, sont ici dans une proportion très-faible : il n'en reste que ce qui a pu descendre de ces plateaux dans le 2e lit et qui n'y a pas été brisé, car, quoique durs, ils sont peu résistants. Les quartz auvergnats du terrain primitif sont souvent laiteux ou grenus, et leur cassure est moins brillante ; ceux de tous qui résistent le mieux au roulement du *diluvium*, sont les *blancs*, même quand ils sont avanturinés. En somme, tout ce qui se trouve dans la molasse et dans le diluvium peut et doit se retrouver ici, puisque c'est le courant-collecteur de tous les versants et affluents de la vallée.

Malgré l'abondance des roches granitoïdes qui se trouvent à la Bardette, je n'y ai rencontré, parmi les granites, aucun échantillon à gros ou à petits grains sensiblement égaux, ni aucun granite porphyroïde, qui soient analogues par leur dureté et la force de cohésion de leurs éléments, aux belles variétés si abondantes dans les Pyrénées et même dans le Limousin. Les granites et gneiss en voie de désagrégation sont fort communs.

Les granites et gneiss roses ou rosâtres y sont plus beaux et plus résistants que les blancs et les gris ; mais les vrais granites y sont extrêmement rares comparativement aux gneiss, et encore n'y ai-je pas vu les beaux granites à grands cristaux d'orthose rose, qui abondent en Limousin, et dont certaines variétés laissent désagréger leur orthose qu'on trouve en quantités innombrables parmi les matériaux cassés pour l'empierrement des routes (environs de Saint-Junien). Je n'y ai rencontré non plus, qu'un nombre excessivement restreint de cailloux de syénite, et ils sont d'un très-petit volume.

Les géologues qui ont conservé le souvenir du Mémoire sur les *Cailloux roulés de la Gironde*, que feu l'Ingénieur en chef Billaudel publia en 1830, dans le t. IV des *Actes de la Société Linnéenne de Bordeaux* et dont j'ai parlé au commencement du présent travail, s'étonneront peut-être de ce que, dans les gravières de la Bardette et de ses environs immédiats, je n'ai rencontré qu'un nombre absolument insignifiant (*un* seulement, et très-petit !) de fragments silicifiés de test de Rudistes, tandis qu'on les recueille bien plus gros et en nombre très-considérable dans les gravières de la basse-vallée de la Dordogne (vers Libourne etc., département de la Gironde). *Tous* ceux qui ont été transportés jusque-là ont nécessairement passé *à la Bardette*, car ils appartiennent à des Rudistes du 1er, ou tout au plus du 2e étage de M. d'Archiac, dont l'un finit et l'autre commence à Rotersack (4 ou 5 kilomètres en amont) et dont le dernier (le 1er étage) disparaît totalement sous les terrains tertiaires à Creysse (4 kilomètres en aval). Comment donc, pourra-t-on dire, — comment n'en reste-t-il plus de gros, ou en reste-il si peu que je n'en aie pas rencontré, si ce n'est *un* très-petit ?

Je répondrai que, malgré leur plus grand volume, les débris de Rudistes ont été entraînés jusques dans les plaines de la Gironde, parce qu'ils sont *feuilletés*, parfois *celluleux* quoique silicifiés, par conséquent moins compactes et plus légers proportionnellement que les cailloux quartzeux ordinaires ; c'est leur nature siliceuse, plus que leur structure, qui les a rendus capables de résister à la trituration torrentielle.

Quant au petit fragment que j'en ai recueilli, il a sans doute été préservé d'un brisement final par les circonstances fortuites qui permettent de retrouver, dans la gravière, quelques coquilles de la craie, à test silicifié et parfaitement dépouillé de toute gangue calcaire (petites Huîtres). Si des ossements soit humains, soit d'animaux, venaient à s'y rencontrer également, ce serait par suite des mêmes conditions de protection par quelques corps plus volumineux, et d'enfouissement dans une station moins bouleversée. Or, ces conditions n'ont pu se réaliser que bien plus rarement encore en faveur des os qu'en faveur des coquilles, puisque les os ne se silicifient pas, et que ceux qui persistent dans les terrains des diverses alluvions anciennes ou modernes n'y deviennent jamais *parfaitement fossiles*, c'est-à-dire *pétrifiés*. Quoi qu'il en soit, d'ailleurs, de la possibilité du fait, je n'en ai pas encore rencontré d'exemple dans le 2e lit de la Dordogne ; et si l'on me permet de donner place, ici, à mes pressentiments, je ne m'attends pas à en recontrer de sitôt.

Les observations très-sommaires que je viens d'exposer sur la gravière de la Bardette, donnent déjà lieu à une conclusion : c'est que la composition du *diluvium* des plateaux *diffère essentiellement* de celle du dépôt de cailloux du 2e lit, et par conséquent, que ces deux dépôts *proviennent d'origines différentes.*

La provenance des cailloux propres au 2e lit n'est pas difficile à trouver : ils viennent nécessairement du bassin hydrographique de la Dordogne, à partir et principalement de l'Auvergne.

La provenance des cailloux du *diluvium*, telle que j'ai cru pouvoir l'établir dans le *Couzeau*, n'est pas la même, et doit être considérée comme antérieure, puisque, dans mon hypothèse, elle est contemporaine du *façonnement* du 1er lit. A l'époque où les volcans du plateau central de la France n'avaient pas encore subi de *démantellement*, la pente qui sépare ce plateau de la mer était bien moins accidentée qu'aujourd'hui, et suffisait pour amener les quartz du Limousin (altitude moyenne, 300m) sur les plateaux de nos collines actuelles (altitude moyenne, 150m). Aussi, les quartz *avanturinés* du Limousin abondent dans notre *diluvium*, concurremment avec les silex résinoïdes qui proviennent de nos meulières. Ces deux éléments, joints à ceux que lui a fournis la molasse et à des débris silicifiés du 2e étage de la craie, le composent presque en entier.

Pour inventorier à-peu-près exactement les cailloux roulés de la Bardette, je vais donner le détail de tout ce que j'ai recueilli, avec l'aide de M. de Gourgues, en deux heures de travail, et je fondrai dans cette liste (en négligeant un peu, toutefois, les variations sans nombre des roches granitoïdes et gneissiformes) une certaine quantité d'échantillons récoltés à diverses fois, soit à la Bardette même, soit dans les champs du 2e lit qui l'entourent, soit enfin dans la carrière maintenant obstruée de *Monsagou*.

Mais, pour *la* STATISTIQUE de cet inventaire, c'est-à-dire pour constater *les proportions numériques* des diverses sortes de cailloux, je n'opérerai que sur *ceux de 5 à 20 millimètres* de grand diamètre, parce que ceux-là se récoltant SANS CHOIX et par petites pincées, ou tout au plus par très-petites poignées dans les places où l'on a opéré le tamisage du gravier bon à charger sur les tombereaux, je suis assuré d'avoir recueilli de *tout* ce que contient la gravière, et cela avec les proportions *réelles* de nombre et de nature :

Voici cet inventaire statistique, pour les 708 *menus* graviers (*grains*) que j'ai récoltés :

Cailloux originaires des terrains primitifs.

Quartz blanc ou parfois grisâtre, hyalin ou grenu, avanturiné ou non, montrant quelquefois des traces de mica	126
Quartz blanc ou parfois grisâtre, hyalin ou grenu, avanturiné ou non, avec un peu de talc ou de chlorite.	15
A reporter.	141

Report.	141
Quartz blanc ou parfois grisâtre, hyalin au grenu, avanturiné ou non, rosâtre, rose ou rouge.	31
Quartzite gris	2
Micaschistes divers à grains fins, à mica presque toujours noir, rarement doré, souvent en voie de désagrégation. .	54
Syénite rose et noire, blanche et noire.	3
Granites communs (blancs ou gris)	69
Gneiss communs (blancs, gris ou noirâtres)	139
Granites rosâtres ou roses.	96
Gneiss rosâtres ou roses.	34
Granites et gneiss en voie de désagrégation	10
Porphyre gris.	2
Diorite micacée à grains très-fins	1

Cailloux originaires des terrains volcaniques.

Porphyres trachytiques de diverses nuances (1)	11
— — en voie de décomposition ou même passant à l'état terreux	25
Dolérite à grains très-fins.	1
Phonolite (le plus souvent avec sa croûte de kaolinisation) .	23
Basalte (souvent avec olivine) et basanite.	26

Cailloux originaires de la craie et des terrains plus récents.

Silex pyromaque du 2e étage de la craie.	2
— blancs, de la craie, toujours anguleux (peu roulés), sans fossiles, passant souvent au quartz nectique et simulant alors une craie grossière.	25
Valve silicifiée d'*Ostrea haliotidea*, complètement dégagée de de sa gangue crayeuse, et un autre fragment d'huître plus grosse (ou peut-être de rudiste?).	2
Fragment de test silicifié d'un rudiste.	1
A reporter.	698

(1) Je n'ai recueilli, à la Bardette et dans tous nos dépôts du 2e lit, *aucun trachyte proprement dit*. M. Raulin pense que cette roche est trop poreuse et trop friable pour résister, pendant un trajet si long, à la trituration torrentielle.

Report. 698

Polypiers pierreux, silicifiés, pulviniformes. 2

Mine de fer et grès ferrugineux de la molasse.. 8

Total des cailloux de 5 à 20 millimètres. . . 708

Voici maintenant la détermination de la nature des 221 *gros* cailloux (grand diamètre supérieur à 20 millimètres) que j'ai récoltés à la Bardette même ou qui proviennent des champs du 2e lit qui entourent immédiatement cette gravière :

Cailloux originaires des terrains primitifs.

Quartz grenu rose, celluleux (un bloc anguleux). 1

Quartz hyalin ou grenu, avanturiné ou non, blanc, rosâtre ou rouge, sans mica (dans l'état habituel des cailloux du diluvium). CCC. 13

Quartz fibreux, blanc ou rosâtre. AC.. 3

Quartz grenu gris, noirâtre, jaunâtre ou rougeâtre.. 5

Quartz blanc, avec mica jaune décomposé, simulant une sorte de filon. 1

Hyalomicte blanche; hyalomicte grise.. 2

Quartz avec fer. 1

Quartz grenu, avec tourmaline brune en fines aiguilles, divergeant en éventail en divers sens. 1

Quartz avec substances diverses, indéterminées.. 1

Quartz agathe onyx, d'un jaune cireux, à bandes anguleuses, nombreuses, rouges, saillantes sur le caillou parfaitement roulé et subglobuleux. 1

Roche quartzeuse grisâtre et noirâtre, d'apparence porphyroïde. 1

Roche quartzeuse gris-verdâtre, d'un poli extérieur huileux. 1

— — grenue, d'un jaune rosé ou brunâtre.. . . 4

— — — rouge violacé. 1

Roche feldspathique avec quartz, d'un gris-brunâtre. 1

— — noire, à grain très-fin.. 1

Phtanite (pierre de touche dure).. 1

Amphibolite à grain fin, avec veine de quartz blanc, d'un poli extérieur très-doux et presque gras.. 1

A reporter. 40

Report	40
Porphyre gris.	4
— quartzifère gris-jaunâtre..	3
— gris en voie de décomposition.	1
— rougeâtre.	1
— micacé, gris, sans cristaux de quartz et de feldspath.	4
Syénite granitoïde noire et blanche. RR.	1
Pegmatite rose, brune ou blanche, parfois avec traces très-faibles de mica.	4
Pegmatite blanche, à grain fin, à gros grains de quartz saillants en forme de verrues à la surface roulée du caillou R.	1
Pegmatite à grain fin, renfermant un filon de quartz avec tourmaline.	1
Gneiss enveloppé d'une pegmatite blanche un peu micacée. .	1
Bloc céphalaire de gneiss à mica doré, recouvert d'un lit de mica argenté.	1
Gneiss finement feuilleté, très-friable, à mica doré..	3
— gris, à grain très-fin.	3
— rose, à grain très-fin..	1
Gneiss communs, à gros et moyen grain, très-divers.. . . .	24
— rosâtres ou roses, à gros et moyen grain, très-divers.	28
— et granites en voie de désagrégation, plus ou moins friables.	11
Granite gris, à grain excessivement fin..	1
— rose..	1
— avec infiltrations ferrugineuses *irisées*.	1
Micaschistes divers..	17
	152

Cailloux originaires des terrains volcaniques.

Phonolite, avec sa *patine* blanchâtre ou *croûte de kaolinisation*, plus ou moins épaisse. C..	6
Basalte compacte noir, avec ou sans péridot olivine. C. . . .	7
Basanite noire compacte, avec ou sans olivine.	3
— grise, celluleuse, sans olivine.	1
— jaune-brunâtre, compacte, sans olivine.	1
A reporter. . . .	18

Report	18
Porphyre trachytique micacé gris.	1
— — rougeâtre, plus ou moins celluleux. . .	4
— — — compacte.	1
— — gris, brun ou noir, compacte ou peu celluleux, parfois tendant plus ou moins à se décomposer.	16
Brèche rouge et blanche, à ciment ferrugineux.	1
	41

Cailloux originaires de la craie et des terrains plus récents.

Silex pyromaque gris, blanchâtre ou noir, rarement rougeâtre, de la craie du 2e étage (et fragments de sa croûte passant, soit au quartz nectique soit au cacholong), parfois pseudomorphique (polypiers branchus, *Siphonia*, etc.) ou fossilifère (*Ostrea*, *Turbo?* baguette d'Echinide? etc.) anguleux ou roulés.	16
Rameau silicifié, roulé et pénétré de fer rubigineux, d'un polypier de la craie du 2e (?) étage; remarquable en ce que les vacuoles tubiformes qui parcourent longitudinalement la partie centrale de l'axe sont remplies de silex *vitreux*, *translucide, grisâtre*.	1
Silex jaune-rougeâtre, de la craie, à pâte un peu grossière, avec traces de fossiles indéterminables.	1
Boule (roulée) de *craie* jaune, grenue, grossière, du 1er étage! *seul fragment crayeux* trouvé à la Bardette; je devrais même dire seul fragment *calcaire*, si ce n'était la substance inconnue ci-après.	1
Substance inconnue, mais nécessairement présumée *calcaire*, puisqu'elle fait une vive et prompte effervescence avec l'acide hydrochlorique. — Son grain, extrêmement fin, est rude et aride au toucher. Elle est un peu tachante. Sa couleur est un jaune parfaitement uniforme, plus rapproché du nankin *lavé* que du jaune-serin. Cette petite masse, grossièrement ovalaire, a 3 centimètres de grand diamètre et 2 centimètres de petit. Son poids exact est de	
A reporter. . . .	19

Report.	19
11 grammes 47 centigrammes. On dirait un sable excessivement fin et faiblement agglutiné à l'aide d'une eau légèrement gommée. Assurément ce n'est pas là *une roche ;* mais il a été également impossible de se rendre compte de sa présence et de son origine	1
Meulière blonde et silex résinoïde (qui provient, selon moi, des meulières, puis du diluvium). R..	2
Grès ferrugineux divers, roulés, à grain fin, de la molasse. .	6
	28
Total des cailloux de plus de 20 millimètres, récoltés à la Bardette (terrains primitifs, 152 ; terrains volcaniques, 41 ; terrains crétacés et plus récents, 28	221

B. *Berge de* Laussine (*aux trois-quarts de sa hauteur; coupée pour le chemin qui monte de la plaine du 2e lit au village*), *commune de Varennes.*

J'ai extrait de la coupure de cette berge 59 cailloux du grand diamètre de 10 à 60 millimètres.

La coupe, épaisse d'un mètre environ, correspond à celle de la *carrière de Monsagou* (*Couzeau*, p. 138), couches nos 3 et 4, dont elle forme le prolongement à 100 mètres à-peu-près de distance vers l'Ouest ; mais elle est plus argileuse, plus empreinte d'un caractère *diluvien*, parce que les terres diluviennes du 1er lit s'y versent avec plus d'abondance sur sa déclivité peu rapide. Aussi les cailloux du *diluvium* s'y trouvent-ils en grand nombre, mêlés à ceux du 2e lit, qui forment le fonds principal du dépôt.

Cette circonstance peut-elle infirmer la description sommaire que j'ai donnée (*Couzeau*, pp. 13, et 137 à 139) de la berge du 2e lit ? — Non, moyennant que j'exprime en termes plus exacts une proposition énoncée en passant, et à laquelle M. de Mortillet (*Matériaux pour l'Histoire de l'Homme*, 1re année, décembre 1864, p. 113) a adressé un reproche qui eût été parfaitement fondé, si j'eusse ignoré (ce que pourtant tout le monde sait) que les cours d'eau ne *rejètent pas sur leurs bords* les cailloux qu'ils charrient, mais les *déposent sur leur fond.* La mer seule a le privilége de *pousser ses galets* sur ses rives, et cela est facile à comprendre ; la mer est douée d'une force aggressive ; elle *arrive,* elle *monte*, tandis que les *cours* d'eau, pour si violents qu'ils soient, *s'en vont, descendent*, s'enfuient par la tangente, si l'on peut ainsi dire, sans produire, *sous ce rapport*, les effets qu'on pourrait attendre de leur violence.

La faute que j'ai commise se réduit donc à ceci : j'ai écrit que « les » cailloux se déposent sur les sommets et les plateaux » (p. 13); j'aurais dû dire « sur les sommets et les plateaux *actuels, qui for-* » *maient alors une portion du fond du 1er lit, portion sur laquelle, en* » *resserrant peu à peu la largeur de leur cours, les eaux les ont* » DÉLAISSÉS. » De cette façon, il me semble que ma phrase n'aurait pas donné prise à une critique conçue, d'ailleurs, en des termes dont je n'ai qu'à remercier l'auteur.

Avant de procéder à l'inventaire des cailloux de la berge de Laussine et de la gravière dont la description suivra celle-ci, je crois devoir donner un peu plus de détails que je ne l'ai fait précédemment, sur la berge du 2e lit de la Dordogne, et prévenir ainsi la surprise que pourrait éprouver le lecteur en y retrouvant pour ainsi dire au grand complet, la composition de la gravière de la Bardette, qui occupe le milieu du fond du 2e lit. N'y a-t-il donc plus, pourrait-il dire, de séparation tranchée, de différence essentielle entre les cailloux diluviens du 1er lit et les cailloux alluviaux (seulement *mélangés* de diluviens) du deuxième ?

Si tous les cours d'eau coulaient sur des fonds plats, encaissés entre des falaises verticales, rien ne serait plus net et plus facile que l'autopsie *cailloutière* d'une vallée à plusieurs étages; rien ne serait plus tranché que la différence et la séparation dont je viens de parler : tout au plus pourrait-on trouver, sur les bords d'un lit, quelques cailloux égarés du lit supérieur, amenés par chute accidentelle ou par quelque éboulement local.

Mais, dans la pratique géologique, on n'a pas souvent affaire à des limites si rigoureusement dessinées. Assurément elles existent ou elles ont existé, ces limites! et je dois, dans l'espèce, les appeler *falaises*, — soit *visibles* sur certains points, comme elles le sont encore au jour où je parle à Couze, à Varennes, à Saint-Aigne, — soit *cachées* à quelques pas plus loin, comme on le voit encore aujourd'hui dans les mêmes communes, par les *talus d'éboulement* qui sont le résultat de la dégradation de la falaise, ou qui ont voilé celle-ci quand elle était plus basse, ou enfin qui ont tenu sa place quand elle se trouvait presque nulle.

Il ne faut pas l'oublier : la Dordogne a battu *les deux flancs* de sa valée, — rempli toute la vaste capacité de son 1er lit, — et par conséquent déposé des cailloux *diluviens*, au temps de son énergie primitive, dans *toute la largeur* de celui-ci. Lorsqu'elle a été rétrécie, puis fixée dans son rétrécissement, elle a commencé à creuser son 2e lit, ou, si l'on veut, à en approfondir le creusement déjà commencé, et c'est alors que les falaises du 2e lit se sont produites. Les *berges déclives actuelles* s'y sont peu-à-peu établies, MÉLANGÉES dans leur composition, de cailloux et de terres qui appartiennent plus ou moins également, *selon la disposition des lieux*, à la fois au 1er et au 2e lits.

Ces explications me semblent suffisantes pour lever ou prévenir toutes difficultés, et j'en viens à inventorier la composition de la *berge de Laussine*.

Cailloux originaires des terrains primitifs.

Roche feldspathique noire, à grain fin, avec quartz.	2
Pegmatite blanche, à gros et à petit grain.	2
— rose, à grain moyen et fin.	11
Micaschistes gris ou jaunâtres, à grain fin.	4
Gneiss communs, à grain moyen ou fin, par fois en voie de désagrégation.	3
— rosâtres ou roses.	3
— finement feuilleté, à mica doré.	2
Granites communs, à grain moyen	5
— en voie de désagrégation.	1
Quartz hyalin amorphe, blanc, jaunâtre, gris, avanturiné ou non.	9
— — rosâtre ou rose.	6

Cailloux originaires des terrains volcaniques.

Phonolite, avec sa patine.	1
Basalte, en voie de décomposition terreuse.	2

Cailloux originaires de la craie ou des terrains plus récents.

Silex pyromaque du 2e étage, et son cacholong	3
— à Faujasia.	3
Grès ferrugineux de la molasse	1
Meulière blonde	1
	59

C. *Gravière du* Petit-Monsagou, *commune de Varennes.*

Celle-ci, située à 3 ou 4 cents mètres à l'ouest de la localité précédente (Laussine), occupe la même position dans la berge du 2e lit. On peut étudier sa composition depuis la moitié jusqu'aux trois-quarts, à-peu-près, de la hauteur de la berge, le long du chemin qui, venant de Mouleydier et laissant à gauche l'embranchement de Laussine, conduit à Lanquais.

Pendant le quatrième quart de la montée, les terres labourées qui la bordent perdent leurs graviers, et l'on se trouve enfin sur les belles terres à blé, légères, du 1er lit, presque dépourvues de cailloux et n'en tenant plus que de diluviens : ce sont les champs de la métairie de *Monsagou.*

La gravière du *Petit-Monsagou* offre *absolument la même composition* que celle de la Bardette, et le sol qui la renferme, un peu plus argileux qu'à la Bardette même, l'est beaucoup moins qu'à Laussine.

J'ai recueilli dans cette gravière 135 cailloux, et si j'en excepte un *Siphonia* silicifié, un bloc de quartz celluleux dont je n'ai pris qu'un fragment, et une roche granitoïde dont la forme singulière imite une saucisse comprimée de 12 centimètres de long, — ces 135 cailloux sont du grand diamètre de 12 à 60 millimètres.

Cailloux originaires des terrains primitifs.

Feldspath compacte rouge (Pétrosilex)	1
Protogyne rose, à grain très-fin.	1
Pegmatite grise, à grain moyen.	4
— rose, à grain moyen et à grain très-fin	4
— blanche, avec tourmaline noire.	1
Granite rosâtre à gros grain.	9
— rose, à grain fin.	4
— décomposé, à grain très-fin.	1
Gneiss commun (gris, brun, noir, parfois finement fissile et à mica doré, souvent très-altéré).	14
Gneiss rosâtre ou rose	10
Micaschistes divers.	6
Roche quarzeuse noire, à grain fin.	1
A reporter.	56

Report.	56
Quartz compacte noir	1
Quartz hyalin amorphe blanc, parfois avanturiné.	10
Quartz hyalin blanc ou rosâtre, parfois un peu micacé	14
Quartz hyalin ou grenu, rosâtre ou rouge, parfois avanturiné.	9
Quartz grenu, de diverses couleurs.	4
Quartz grenu, micacé	2
Quartz et silex, infiltrés de fer rubigineux.	2

Cailloux originaires des terrains volcaniques.

Porphyres trachytiques gris ou bruns, compactes, poreux ou celluleux, souvent altérés.	22
Phonolite, avec ou sans sa *patine*.	4
Phonolite à surface (roulée) *varioloïde* (peu différente de celle dont les taches sont *pétéchiales ;* mais, ici, elles offrent quelque saillie sur le caillou.	1
Basalte celluleux gris-rougeâtre	1

Cailloux originaires de la craie et des terrains plus récents.

Silex pyromaque noir ou gris, parfois pseudomorphique, du 2e étage, et son cacholong	6
Valve supérieure d'*Hippurites* . . . . (fragment silicifié). .	1
Valve inférieure d'*Ostrea*. . . . . . . (fragment silicifié). .	1
Mine de fer, de la molasse	1
	135

Gros cailloux (*mentionnés plus haut*).

Pegmatite grisâtre, à grain fin, roulée en forme de saucisse aplatie, de 12 centimètres de long sur 4 de large	1
Silex carié grisâtre, rubigineux, renfermant de nombreux grains de quartz (fragment détaché d'un bloc bi ou tri-pugillaire).	1
Siphonia du 2e étage, avec son pédicule.	1
	3

D. *Carrière de* Monsagou, *commune de Varennes (décrite à la page* 138 *du* Couzeau).

J'ajoute aux *gros* cailloux du 2e lit ceux que j'ai conservés de la coupe de cette carrière, et j'y joins la mention de ceux que j'y ai *constatés* sans les conserver, car je ne songeais pas alors à faire une collection-type. La mention d'*un seul* caillou de chaque nature suffira pour représenter ces espèces au nombre de cinq ; je n'y comprends pas la *craie* signalée dans le *Couzeau*, parce que M. Raulin a constaté que ce que j'avais pris alors pour de la craie adhérente à des silex n'est autre chose que le cacholong ou le quartz passant à l'état nectique. Quant à ce que j'appelais alors *trachyte*, et dont j'ai donné les échantillons à M. de Collegno ou à M Delbos, je n'ai pu le remplacer dans ma collection, l'excavation étant comblée lorsque j'ai voulu, en 1864, en recueillir de nouveau : c'étaient nécessairement des *porphyres trachytiques.*

Enfin, je réunis à cet inventaire final, comme provenant du 2e lit du fleuve, les deux magnifiques blocs noirs qui servent de chasse-roues à un portail de Varennes, et dont j'ai parlé à la page 13 du *Couzeau*, sous le faux nom de *basalte* noir. Lorsque j'ai pu montrer à M. Raulin les échantillons que j'en avais détachés, il y a reconnu l'*Amphibolite noire,* sans mélange d'autres substances.

Ces deux provenances figurent donc ici pour 19 cailloux, savoir :

Cailloux originaires des terrains primitifs.

Roche feldspathique noire, renfermant des grains de quartz (nommée *trapp* dans le *Couzeau*).	1
Amphibolite noire (nommée *basalte* dans le *Couzeau*). . . .	2
Quartzite grenu noir (nommé *trapp* dans le *Couzeau*). . . .	1
Quartz opaque (nommé *jaspoïde* dans le *Couzeau*; c'était probablement un quartz compacte ou finement grenu). . .	1
Quartz hyalin amorphe (probablement blanc ou rose). . . .	1
Gneiss (probablement à gros grain, gris ou rose)..	1
Granite (— — blanc ou rose)	1
A reporter.	8

Report. 8

Cailloux originaires des terrains volcaniques.

Porphyre trachytique (nommé *trachyte* dans le *Couzeau*). . 1

N. B. — Ce caillou et les quatre précédents sont ceux que je mentionne avec certitude, mais sans les avoir conservés dans mes tiroirs.

Phonolite (parfois altérée) avec sa *patine*, confondue, dans le *Couzeau*, sous le nom de *basalte* ou de *trapp*. 5
Basalte avec péridot olivine, plus ou moins altéré, du moins extérieurement, ou sans péridot et à *patine* épaisse.. . . . 4

Cailloux originaires de la craie.

Silex pyromaque du 2e étage. 1

19

§ IV. — **Récapitulations.**

I. Si je veux récapituler ce que j'ai recueilli de cailloux du 2e lit de la Dordogne et de ses berges, qui offrent le même fond de composition, je trouve ceci :

A. *La Bardette,* PETITS cailloux (ne dépassant pas 20 millim.) 708
— GROS cailloux (dépassant 20 millimètres) . . 221
B. *Laussine,* GROS cailloux (10 à 60 millimètres). 59
C. *Petit-Monsagou,* GROS cailloux (12 à 60 millimètres). . . 135
— TRÈS-GROS cailloux (dépassant 60 mill.). 3
D. *Monsagou,* GROS cailloux (dépassant 60 millimètres et 2 *blocs* d'amphibolite).. 19

1,145

Sur ce nombre, je compte, sans entrer dans le détail de leurs accidents de composition :

Roches exclusivement ou principalement *siliceuses.*

Quartz divers, avec ou sans mélange de minéraux accessoires.	270		
Silex de la craie ou des meulières..	71		
Pegmatite..	29		
Protogyne.	1		
Syénite.	4	860	
Granites divers, parfois en désagrégation.	193		
Gneiss — — —	284		
La moitié des 16 échantillons ferrugineux (les *grès ferrugineux*) qui contiennent infiniment plus de grains de quartz que de matière métallique..	8		

Roches non siliceuses ou qui ne contiennent qu'une quantité faible de silice. — 1,145

Porphyre primitif et autres roches feldspathiques..	22		
Amphibolite.	3		
Roches volcaniques (porphyres trachytiques, basaltes, phonolite).	168		
Roches schisteuses (micaschistes et un seul échantillon de phtanite)..	82	285	
L'autre moitié des 16 échantillons ferrugineux (le *minerai de fer*) qui ne contiennent que peu ou point de quartz..	8		
Substances calcaires (accidentelles, comme il a été expliqué plus haut)	2		

II. Divisant 1,145, nombre total des cailloux recueillis, par 285, nombre de ceux qui ne sont pas *principalement siliceux*, je trouve pour quotient 4 $^{5}/_{285}$, en d'autres termes, que le dernier nombre est à-peu-près exactement *le quart* du premier.

Considérés isolément, les 708 PETITS cailloux *de la Bardette même*, élément vraiment *statistique* du dépôt du 2e lit, étant soumis à la même opération, c'est-à-dire divisés par le nombre (147) de ceux d'entre eux qui ne sont pas principalement siliceux, m'ont donné pour quotient

4 $^{120}/_{147}$ ou, en réduisant successivement de moitié les fractions pour les ramener à une expression plus simple, 4 $^{15}/_{18}$. En d'autres termes, le dernier nombre est, à bien peu de chose près, *le tiers* du premier.

La moyenne de ces deux résultats est donc, pour l'ensemble des *gros* et des *petits* cailloux du 2e lit, approximativement intermédiaire au *tiers* et au *quart* du nombre total; en d'autres termes, les cailloux non principalement siliceux entrent dans ce nombre total pour *plus d'un quart* et *moins d'un tiers*.

III. Si maintenant, pour plus de clarté, je veux réduire en *tant pour cent* le nombre des cailloux non principalement siliceux, comparativement à celui des cailloux principalement siliceux, j'obtiendrai la proportion suivante :

$$\left.\begin{matrix}\text{NON SILICEUX}\\ 285\end{matrix}\right\} : \left.\begin{matrix}\text{NOMBRE TOTAL}\\ 1145\end{matrix}\right\} : : 24.\frac{1020}{1145} : 100,$$

ce qui, par la réduction en fraction plus simple, donne $^{7}/_{8}$, si je diminue d'une unité les numérateurs lorsqu'ils se trouvent *impairs*, et $^{8}/_{9}$ si, dans le même cas, je les augmente d'une unité.

Au résumé, 24. $^{7}/_{8}$ est, de même que 24. $^{8}/_{9}$, si voisin de 25, que je puis évaluer avec une justesse suffisamment approximative le nombre des cailloux *non principalement siliceux*, au QUART du nombre total.

Considérés isolément, en qualité d'élément *statistique*, les 708 PETITS cailloux *de la Bardette même*, me donneront si je les traite de la même manière :

$$\left.\begin{matrix}\text{NON SILICEUX}\\ 147\end{matrix}\right\} : \left.\begin{matrix}\text{NOMBRE TOTAL}\\ 708\end{matrix}\right\} : : 20.\frac{540}{708} : 100,$$

ou en fraction plus simple $^{4}/_{5}$, par le procédé de diminution d'une unité, et $^{5}/_{6}$ par celui de l'augmentation. Au résumé, 20.$^{4}/_{5}$ et 20.$^{5}/_{6}$ sont, l'un comme l'autre, bien près de 21, c'est-à-dire *d'un cinquième* pour cent, approximativement.

IV. La moyenne pour les PETITS cailloux comparés à celle que j'ai trouvée pour TOUS, est plus faible que cette dernière, et réduit la moyenne des deux moyennes à se fixer entre 21 et 25 p. 100, c'est-à-dire 23 p. 100 = un peu *plus d'un cinquième* et un peu *moins d'un quart*.

V. Le résultat final de la comparaison entre les cailloux réunis de la molasse et du diluvium (à Beynerie), au nombre de 1,308, parmi lesquels on ne compte qu'un échantillon de *porphyre primitif* et 7 échantillons de *scories*, — et les cailloux du 2e lit au nombre de 1,145 dont 285 ne sont pas principalement siliceux, — ce résultat final, dis-je, démontre à quel point diffère la composition des deux dépôts. Cette différence est due aux roches *volcaniques*, qui n'existent pas dans le premier et qui, bien que contenant bien souvent du quartz ou des silicates, ne peuvent être classées parmi les roches entièrement ou principalement quartzeuses.

VI. Et si je veux enfin — et sans tenir aucun compte des provenances, de leur éloignement et du mode de transport du nombre total des 2,934 cailloux que j'ai étudiés cette année, — si je veux, dis-je, savoir quelle proportion de roches non quartzeuses ou du moins non principalement siliceuses y subsiste encore, j'écarterai d'abord les 7 grains de *scories de fer* trouvés à Beynerie, parce que ce sont des produits *industriels* nés, à quelques mètres près, à la place même où ils ont été recueillis, et j'aurai à opérer sur 2,927 cailloux, savoir :

Molasse de la sablière de Ligal	3
— du pied de la Peyrugue	90
— des Hautes-Roques	388
— et *diluvium* de Beynerie	1,301
2e *lit de la Dordogne* à La Bardette	929
— à Laussine	59
— au Petit-Monsagou	138
— à Monsagou	19
TOTAL égal	2,927

Sur ce nombre, et en évaluant approximativement *à la moitié* le nombre des cailloux *ferrugineux* qui peuvent, — et le nombre de ceux qui ne peuvent pas être considérés comme *principalement siliceux*, je trouve pour chacune de ces localités :

	Principalement siliceux.	Non principalement siliceux.	Totaux
Ligal	2	1	3
Hautes-Roques	385	3	388
Peyrugue	90	»	90
Beynerie	1,214	87	1,301
2e lit de la Dordogne	860	285	1,145
	2,551	376	2,927

Divisant le total (2,927) par le nombre (376) des cailloux non principalement siliceux, j'ai pour quotient $7.\ ^{295}/_{376}$, et pour fraction plus simple, obtenue comme il est dit plus haut, $7.\ ^{5}/_{6}$ approximativement, ce qui établit, ainsi qu'il suit, la proportion finale :

$$\left.\begin{matrix}\text{NON SILICEUX}\\ 376\end{matrix}\right\} : \left.\begin{matrix}\text{NOMBRE TOTAL}\\ 2927\end{matrix}\right\} :: 12.\frac{2476}{2927} : 100,$$

ou, en fraction plus simple, par le procédé de diminution d'une unité $^{9}/_{11}$, et par celui d'augmentation $^{5}/_{6}$. — Or, $12.^{9}/_{11}$ et $12.^{5}/_{6}$ sont également voisins de 13, c'est-à-dire *en tant pour cent,* et toujours approximativement, d'un *septième* et *deux tiers de septième* pour cent.

On voit par là combien le *tant pour cent s'affaiblit*, à mesure qu'on opère sur un nombre proportionnellement *plus grand* de cailloux appartenant à des dépôts *plus anciens,* et par conséquent plus purgés de substances *non principalement siliceuses*.

Appendice du § IV. — Cailloux du 3e lit (actuel).

Il n'y a pas d'utilité réelle à dresser le catalogue exact des galets de la Dordogne actuelle, puisqu'on doit y trouver et qu'on y trouve en effet tout ce qu'elle a reçu des formations ci-dessus dénombrées, et qu'on n'y peut, au demeurant, trouver *que cela, plus* les débris des falaises crayeuses entre lesquelles le fleuve est encaissé dans certaines parties de son cours. Il est bon, pourtant, de faire remarquer que ces débris crayeux s'y trouvent en nombre immense, soit *roulés* quand ils viennent d'un peu loin, soit simplement *brisés* quand ils proviennent d'une très-petite distance.

Ainsi donc, si la saison m'eût permis, cette année, de chercher à compléter la série de ces cailloux ou pierrailles que j'ai recueillis à différentes fois depuis tant d'années, j'aurais à mentionner, en gros :

1° Tous les quartz et silex des divers étages périgourdins de la craie, y compris les silex à *Faujasia,* et ces craies elles-mêmes, ainsi que les pyrites qu'elles renferment quelquefois.

2° Les quartz de la molasse, qui sont des débris du terrain primitif, les mines de fer, parfois géodiques, les grès ferrugineux passant parfois à la sanguine, et les scories de forges antiques qui proviennent de cette formation.

3° Les cailloux roulés qui constituent le *diluvium*, c'est-à-dire les quartz micacés ou non, les roches feldspathiques et silicatées, micaschistes, gneiss, granites, etc., du terrain primitif et dont on a vu plus haut le détail, les silex divers et autres roches qui sont entrés dans la composition du diluvium. — Ainsi j'y ai recueilli le phtanite, la syénite rose et noire (toujours rare chez nous), la phonolite plus ou moins verdâtre ou noire, parsemée ou non, à l'extérieur, des taches *pétéchiales* blanchâtres que j'ai signalées plus haut. Il est à remarquer qu'une fois roulée par le fleuve actuel, la phonolite n'est plus recouverte de sa *croûte* blanchâtre *de kaolinisation* : elle demeure parfaitement lisse, parfaitement *décapée*.

4° Les cailloux roulés de l'*alluvion ancienne* (2e lit). Je dois faire remarquer que je n'ai jamais remarqué, dans le lit actuel, de porphyres trachytiques, qui devraient pourtant s'y maintenir plus ou moins, et encore moins de trachytes proprement dits et de laves, qui ne sauraient résister à un charriage si prolongé. On y trouve beaucoup de basalte avec olivine, et des basanites compactes pyroxéniques.

5° Les meulières et les calcaires d'eau douce plus ou moins siliceux de notre terrain éocène.

Enfin j'y ai retrouvé, parfaitement isolées et nettoyées, les géodes quartzeuses du 2e étage de la craie, qui abondent dans les champs de certaines parties de la Saintonge et qui sont rejetées en si grand nombre par la mer sur les plages sablonneuses du Vieux-Soulac (Gironde).

CHAPITRE III

RÉSULTATS.

Des constatations de détail que je viens d'exposer et dont la recherche a absorbé tout le temps dont j'ai pu disposer cette année, il ressort à mon sens un enseignement d'un intérêt réel ; car je crois connaître assez la composition générale de nos divers dépôts de cailloux pour pouvoir, sans imprudence, tirer du petit nombre de localités qu'il m'a été donné d'étudier à fond, des conclusions suffisamment fondées en raison, relativement à celles dont j'aurais désiré de faire une étude également approfondie.

Le *pic de Sancy* (Mont-Dore), sommet culminant du bassin hydrographique de la Dordogne, étant pris pour point de départ putatif de nos cailloux roulés du 2e lit de ce fleuve, je prends la *gravière de la Bardette*, qui en offre à ma connaissance la collection la plus variée et la plus pure (en y joignant celles de même nature que j'ai étudiées dans son voisinage immédiat), — je la prends, dis-je, pour point d'arrivée de ces cailloux. A vol d'oiseau, le pic de Sancy et la Bardette sont séparés par une distance de 185 kilomètres, qu'il convient d'augmenter d'un quart pour tenir compte des sinuosités excessivement nombreuses du cours du fleuve et de ses affluents.

La Bardette est donc, en réalité, à 231 kilomètres du pic de Sancy; et cette distance, pendant laquelle nos cailloux ont été soumis au dur régime de la trituration torrentielle, a suffi pour faire disparaître complètement, à un peu moins d'*un vingtième* près, toutes les roches qui ne sont pas *de quartz* ou *principalement* formées de cette substance.

Le résultat est analogue, mais bien plus significatif encore, si je le cherche dans l'examen des cailloux de la *Vigne de Beynerie* (molasse, silex à Faujasia et diluvium seulement). Là, sous le régime de la trituration diluvienne, ce n'est plus qu'*un cinquante-septième* de cailloux *non quartzeux* qui subsiste encore !

Ainsi, dans ce parcours de 231 kilomètres, TOUT ce qui est *calcaire* a été anéanti; car il ne faudrait pas m'objecter l'unique noyau roulé de craie jaune et presque cristalline que j'ai recueilli à la Bardette : celui-ci provient du 1er étage de M. d'Archiac, et ce premier étage ne commence à se montrer qu'à Rotersack (entre Couze et Lalinde) à 4 ou 5 kilomètres en amont de la Bardette. Il est donc à-peu-près impossible (à moins qu'il ne provienne d'un affluent) qu'il ait parcouru un espace plus considérable, et il est arrondi comme une noix dans son brou.

TOUT ce qui est *feldspath* isolé a été également anéanti, et ce n'est que protégés et consolidés par le quartz auquel ils sont unis dans les roches granitoïdes, que les cristaux et les grains de feldspath pur ont pu arriver jusque-là (1). Ceux d'entre eux qui n'ont pas été dissous sont en voie de dissolution pour émanciper les grains quartzeux et donner ainsi lieu à la formation des sables.

Un certain nombre de roches primitives ou d'origine ignée, à pâte feldspathique, est arrivé jusqu'à nous sans altération; mais on sait quelle est l'importance du rôle que jouent les *silicates* (2) dans la composition des roches anciennes et dans celle des minéraux disséminés dans leur pâte; donc, *la silice* y a rempli un rôle analogue à celui dont elle est chargée dans les roches granitoïdes; elle a protégé le feldspath.

Les roches pétrosiliceuses et les basaltes se montrent souvent dans nos dépôts, sous l'enveloppe d'une croûte blanchâtre qui va s'épaississant sans cesse aux dépens de la substance enveloppée, et qui n'est qu'une sorte de *kaolinisation* qui aboutit à la réduction en poussière.

Et c'est ainsi que, de l'étude de ces menus débris des masses montagneuses, résulte la mise en lumière, sans objections possibles, de cette merveilleuse disposition providentielle qui fournit sans relâche des éléments nouveaux au sol nourricier des végétaux et des animaux.

C'est ainsi que la terre végétale, ou susceptible de le devenir, sans cesse appauvrie dans ses principes minéraux, — sans cesse épuisée sous le rapport des agglomérations qui y maintiennent l'humidité nécessaire et y permettent à l'air atmosphérique un certain mouvement de circula-

(1) La contre-partie de ce phénomène est bien connue : le mica fond à 900°; le feldspath vers 1,100°; le quartz pur seulement à 1,500°; mais, unis et étroitement soudés dans le granite, ils fondent tous trois ensemble à 1,000 degrés.

(2) Les roches de formation ignée ou Plutonienne, *essentiellement formées de silicates.* (Jules GOSSELET : *Consid. gén. sur la Géolog.*, p. 17).

tion indispensable à la vie, — sans cesse entraînée enfin, et engloutie sans retour dans les abîmes océaniques, se renouvelle et se régénère aussi sans cesse et de toutes pièces.

C'est ainsi enfin que, dans ce laboratoire dirigé par la prévoyance toute-puissance du Créateur de toutes choses, les cours d'eau, d'abord violemment torrentiels et doués d'une force irrésistible, puis plus tranquillement dissolvants, sont chargés :

Premièrement, de fabriquer, puis d'entretenir la *terre végétale* qui s'use, se disperse et disparait peu à peu des lieux où elle a rempli ses fonctions ;

Secondement, de fabriquer les sables *siliceux* dont la résistance et la persistance visible sont pour ainsi dire sans limites appréciables.

A ces sables siliceux se joint souvent et jusqu'au dernier terme perceptible de leur atténuation, une substance bien faible en apparence et que je ne veux pas avoir l'air d'oublier, car elle résiste autant que le quartz lui-même. C'est le mica, dont les paillettes, dépouillées enfin de toute forme déterminée, scintillent encore au milieu des sables les plus fins. Le secret de la résistance est en partie dans cette extrême atténuation qui réduit sa pesanteur jusqu'à la rendre presque nulle, et aussi dans sa souplesse : symbole matériel et *vif pourtraict* de ces caractères flottants, sans énergie et sans dignité, de ces parasites flatteurs, obséquieux, qui conservent des dehors brillants et trouvent partout leur vie, parce qu'ils savent s'amincir, s'aplatir, s'effacer, se glisser enfin entre la puissance qui chancelle aujourd'hui et celle qui prévaudra demain !

Des hommes instruits mais plus ou moins étrangers à l'étude *pratique* des sciences naturelles, se sont montrés fort surpris de ce qu'on ne trouve jamais de terre végétale, d'*humus* quelconque, de sol habitable en un mot, tant pour les végétaux que pour les animaux, ENTRE les diverses *formations géologiques* superposées, et ils en ont conclu qu'un tel sol n'avait jamais existé.

Cette conclusion ne me paraît pas ressortir des faits connus, et il me semble au contraire qu'on a rencontré, dans ces interstices géologiques, tout ce qu'on y pouvait trouver. Les eaux, en effet, opèrent le départ des substances qui ont atteint les conditions nécessaires d'atténuation et de solubilité, et les entraînent dans l'abîme des mers, lorsqu'elles ne leur ont pas permis de se déposer sur place et que les conditions chimiques dans lesquelles elles se trouvent leur interdisent encore de se solidifier en couches sédimentaires cohérentes et régulières (1). Mais les substances plus grossières ou non solubles se retrouvent encore là où il n'y a pas eu de dénudation complète de la surface sous-jacente, et de là vient qu'on les rencontre encore à la place où elles ont été délaissées, sous les formes si variées de sables, de grès, de conglomérats, de brèches et de poudingues. Quoi d'étonnant à ce que la pression, l'action du calorique et les modifications chimiques leur aient fait revêtir une *forme physique* complètement étrangère à l'idée que présentent naturellement les mots *terre végétale, sol habitable et nourricier* ?

Observations relatives à une note de M. Élie de Beaumont.

Arrivé au terme de l'étude que, cette année, j'ai pu faire d'un sujet si intéressant et j'oserai presque dire si nouveau, je dois reconnaître qu'elle n'ajoute pas de faits géologiques bien importants aux résultats de mon travail de 1864 sur le Bassin hydrographique du Couzeau. Mais il me sera permis de dire aussi qu'elle ne leur enlève rien, si ce n'est une erreur d'importance secondaire et que j'ai rectifiée avec tout le soin dont je suis capable. Ce que j'avais vu et revu cent fois pendant plus de trente ans dans l'étude de l'ensemble, relativement à la distinction de mon *diluvium* et de mon *alluvion ancienne*, je l'ai retrouvé sans modifications essentielles, dans l'étude même numérique et statistique des détails. Ce Supplément, auquel j'en aurai peut-être d'autres à ajouter dans l'avenir, est donc une confirmation sur preuves, des faits principaux que j'avais cru pouvoir établir.

Il en est un pourtant, au sujet duquel il m'a été fait, du plus haut qu'il soit possible, une objection à laquelle je dois une réponse au moins provisoire, — toujours respectueuse et reconnaissante, mais sincère.

En faisant hommage de ma part à l'Institut, et en obtenant l'insertion aux *Comptes-rendus* de la lettre d'envoi de mon *Couzeau* (Académie des sciences, séance du 26 décembre 1864), M. Elie de Beaumont a bien

---

(1) Le phénomène que je décris ici n'est qu'une conséquence et un cas particulier de la loi générale que M. Elie de Beaumont expose en ces termes : « Les eaux courantes ont déposé le long de leur cours tout ce qu'elles ne tiennent en suspension » qu'avec difficulté : d'abord le gros et le menu gravier ; puis le sable ; et elles ne » charrient à la mer que ces particules impalpables qui restent suspendues dans l'eau » tant qu'elle a quelque mouvement. » (*Leçon de Géologie pratique*, t. I, p. 275 ; pays bas Néerlandais.)

voulu dire quelques mots de cette lettre et, ainsi qu'il avait eu l'extrême obligeance de m'en prévenir, il a fait, sur un passage de sa teneur, ce qu'avec la douceur habituelle de son langage il a daigné appeler simplement *une réserve.* Elle répond à l'alinéa de ma lettre qui commence par ces mots : « Le vrai *diluvium* de l'école de Cuvier et de la vôtre, Monsieur le Secrétaire perpétuel, etc., » et c'est un devoir pour moi de la reproduire ici :

« La Carte Géologique de la France figure dans la haute vallée de la
» Dordogne, entre le Mont-Dore et Bort, *six* petits lambeaux de terrain
» caillouteux superficiel coloriés en brun-clair et désignés par la lettre *p*.
» Ce mode de désignation les assimile aux dépôts caillouteux superfi-
» ciels de la Limagne, à ceux de la Bresse, des plateaux voisins de
» Tarbes, etc. Ces petits lambeaux de terrain caillouteux ont été tracés
» d'après mes observations personnelles. S'ils ne sont pas plus nom-
» breux et s'ils n'occupent pas plus d'étendue dans la vallée de la Dor-
» dogne, c'est que mes observations personnelles ne se sont pas éten-
» dues de ce côté au-delà de Bort; mais je n'ai jamais douté qu'ils n'ac-
» compagnassent la Dordogne jusqu'au Bec-d'Ambès, et je suis très-
» porté à en reconnaître la continuation dans l'étage supérieur si bien
» décrit par M. Charles Des Moulins. Par conséquent, je ne puis voir
» *mon diluvium 8*[1] que dans un étage plus récent et moins élevé, tel
» que celui qui renferme des cailloux trachytiques et basaltiques. Les
» phénomènes diluviens ont puissamment agi sur le Mont-Dore et sur le
» Cantal, et il y aurait lieu de s'étonner que l'absence des roches volca-
» niques, qui constituent ces montagnes, fût un des caractères du *dilu-*
» *vium* proprement dit. »

Les respectueuses observations que je crois pouvoir me permettre au sujet d'une déclaration si grave et si nette se bornent à ce qui suit :

1re Obs. — *Ces petits lambeaux de terrain caillouteux et superficiel* peuvent-ils conserver le qualificatif « superficiel » sur nos plateaux, dans les dépressions desquels les sables, argiles et graviers rouges ou jaunes qui les constituent, acquièrent une puissance de 3 à 4 mètres à La Redoulie, de 6 mètres à Monsac ? Ce serait donc — qu'on me passe l'expression — un *ante-diluvium* d'une masse certainement assez imposante et qui aurait été entièrement *omis* malgré cela (et ce n'est pas facile à comprendre), — ou *confondu* par M. Dufrénoy avec des dépôts plus récents.

2e Obs. — Cette dernière supposition n'est pas seulement *admissible* en vertu de l'axiome *errare humanum est* : elle est justifiée par un fait — et par un fait authentique. C'est en effet dans le *diluvium* que M. Dufrénoy plaçait les *minerais de fer* du Périgord, et c'est précisément *ce même dépôt* rouge ou jaunâtre de cailloux, de sables et d'argile *qu'il faut traverser* pour aller chercher ces minerais *dans la molasse* où j'ai prouvé qu'est leur gisemeut normal.

Donc, mon *diluvium* est sans aucun doute *celui de M. Dufrénoy*, et c'est ce qui m'avait porté à croire que c'était aussi celui de M. de Beaumont.

Maintenant, laissons de côté *le fait authentique*, et ramenons la proposition à l'état de simple hypothèse. S'il est en effet arrivé que M. Dufrénoy se soit trompé sur ce dépôt, il faut croire (puisqu'il ne l'a pas décrit à part) qu'il l'aura relié au *diluvium* du fond de la vallée, par l'intermédiaire des localités où il offre des fragments de roches *micacées* (la Redoulie, le Trou de la terre, les Bourbous de mon *Couzeau*, par exemple). Mais alors, et à l'exception des *petits lambeaux caillouteux superficiels* de M. de Beaumont, nous n'aurions dans tout le pays, d'après M. Dufrénoy, qu'un dépôt *unique* de cailloux roulés, et ce dépôt unique serait le *diluvium* qui y occuperait toutes les positions, depuis les plateaux où il serait sous-jacent aux *lambeaux caillouteux*, jusque dans le fond du 2ᵉ lit de la Dordogne où M. de Beaumont le place exclusivement, à cause des cailloux *volcaniques* d'Auvergne qui s'y surajoutent. Or, dans ce cas, pourquoi n'est-il pas *partout uniforme* dans sa composition ? Pourquoi les cailloux volcaniques n'interviennent-ils pas sur les plateaux et dans le 1ᵉʳ lit du fleuve comme ils interviennent dans son 2ᵉ lit ? Apparemment, certainement même, parce que ces derniers cailloux ne se seraient mêlés aux premiers que plus tard et après la réduction du fleuve à la capacité de son 2ᵉ lit. Il faut donc conclure que M. de Beaumont scinde en deux parts le *diluvium* de M. Dufrénoy, et que c'est à la suite de ce dernier auteur que j'ai confondu deux terrains distincts sous le nom de *diluvium* : c'est encore la même conclusion que ci-dessus.

Prenons donc cette erreur pour point de départ et mettons le cap de notre hypothèse sur un point de vue un peu différent : il me faudra répéter presque en entier les prémisses de l'argumentation que je viens de développer ; qu'on me le pardonne ! la question en vaut la peine, puisqu'il s'agit d'un terrain *inédit* à introduire dans la série.

Dans l'hypothèse, donc, d'une confusion opérée par M. Dufrénoy, je suis conduit à me poser cette question : Les *lambeaux caillouteux* figurés par M. de Beaumont sont *petits* et *superficiels* entre le Mont-Dore et Bort, comme dans la Limagne, etc. N'ai-je pas, comme M. Dufrénoy, commis une faute en les confondant, moi aussi, avec le dépôt de sables, argiles et cailloux rouges et jaunes dont je les ai crus une partie intégrante, lorsque j'ai donné à cet ensemble le nom de *diluvium rouge?* Dans cette hypothèse, les *lambeaux caillouteux* de M. de Beaumont ne seraient représentés chez nous que par la *pellicule superficielle* que constituent à eux seuls, sur quelques points de nos sommités (La Peyrugue, etc.), les silex résinoïdes mêlés de quelques silex parfois pseudomorphiques des 3e et 2e étages de la craie ; et alors, les sables, argiles et cailloux qui sont sous-jacents à cette pellicule appartiendraient à une autre formation, à un autre *ante-diluvium* plus ancien encore. Mais dans ce cas, comment les silex *résinoïdes* et *pseudomorphiques* seraient-ils mêlés à ce dépôt, non-seulement à la surface comme ils le sont presque partout, mais encore et *comme ils le sont* effectivement, jusque *dans le vif* de l'épaisseur de ce dépôt sous-jacent? Ce serait là, si je ne me trompe, un problème malaisé à résoudre.

Et si ce mélange ne provenait que d'un lavage énergique, qui aurait laissé *surnager* pour ainsi parler, sur les sommités seulement, des fragments de *nappes* de cailloux *résinoïdes*, ne retomberions-nous pas dans les mêmes difficultés ? Que serait ce puissant dépôt sous-jacent ? Ce ne serait pas le *diluvium* de l'école de Cuvier et de M. de Beaumont, puisque M. de Beaumont ne le reconnaît que dans le fond de la vallée (2e lit), là où il se trouve caractérisé par des roches volcaniques d'Auvergne. Ce ne serait pas davantage le *déluge historique,* ou l'un des *déluges historiques* si l'on veut, puisqu'il est antérieur à celui qui remplit la vallée, et puisqu'on n'y trouve ni roches volcaniques ni roches laviques, ni rien qui porte un caractère de contemporanéité avec l'époque actuelle. Encore une fois, ce serait donc un terrain non décrit.

3e Obs. — Qu'est-ce que le vrai *diluvium* de M. de Beaumont? C'est un dépôt antérieur à l'apparition de l'homme sur la terre, un dépôt où l'on trouve les restes d'éléphants, etc., d'espèces aujourd'hui perdues. — Eh bien ! c'est dans le dépôt que je viens de décrire qu'on trouve ces restes (défense d'éléphant de Monsac), et *jamais* on n'y trouve de débris de l'industrie humaine ; il satisfait donc aux caractères attribués au vrai *diluvium,* — *moins* toutefois *les roches volcaniques* qui devraient s'y rencontrer d'après la note de M. de Beaumont, et je reconnais que dans ce cas il ne serait pas facile d'expliquer leur absence,

4e Obs. — M. Lartet a constaté que l'*Ursus spelæus*, les éléphants, le renne, etc., ont vécu contemporains de l'homme et, par conséquent, *après* le *diluvium* de M. de Beaumont. Donc, les éléphants, etc., auraient été témoins de *trois* dépôts successifs, savoir :

1° L'*ante-diluvium* de M. de Beaumont (*diluvium* de mon *Couzeau*);

2° Le *diluvium* de M. de Beaumont (2e lit de la Dordogne, mon *alluvion ancienne* ou *déluge historique*, où l'on peut trouver des ossements d'éléphants, etc., s'ils n'ont pas été anéantis par la trituration torrentielle);

3° Ce qui serait un *post-diluvium* pour M. de Beaumont, c'est-à-dire, et comme pour moi-même, les commencements de l'époque *actuelle après le déluge historique;* et là se trouveraient ou se pourraient trouver unis aux restes de l'éléphant, du renne, etc., ceux de l'homme et les débris ou les témoignages de son industrie (3e lit de la Dordogne ou lit *actuel*).

Eh bien ! oui ! c'est à cette dernière époque que *bientôt* — j'en ai la ferme conviction, — la main *de la science* elle-même ramènera, après des écarts et des bonds qui dureront d'autant moins qu'ils ont été plus violents, ce *déluge de diluviums* que des imaginations ardentes ont cru voir (avant même d'avoir constaté rigoureusement les caractères essentiels du vrai *diluvium*), partout où l'on a rencontré des débris humains et des restes d'une industrie de sauvages. C'est là, en un mot, que la main de la science ramènera les gravières dites *quaternaires* des archéo-géologues, les tourbières de nos vallées actuelles, les grottes et cavernes enfin qui contiennent les mêmes débris.

Et en effet, s'il y a eu un ou plusieurs *ante-diluviums* qu'un géologue aussi éminent, aussi consciencieux que M. Dufrénoy ait pu confondre avec des dépôts plus récents, sera-t-il difficile de croire que des *post-diluviums*, débâcles partielles dont nous ne saurions déterminer le nombre, aient pu faire prendre à bien d'autres, pour le vrai *diluvium*, des atterrissements et dépôts moins anciens?

Ce n'est point à un humble géologue *local* qu'il peut appartenir de traduire ces simples réflexions en discussion réelle et pratique; ce travail de haute science revient de droit à la géologie *comparée*.

Tant mieux s'il existe un *ante-diluvium !* Tant mieux si je me suis trompé dans l'attribution relative des trois étages de ma vallée de la Dordogne! Il n'importe pas, certes, que j'aie bien interprété ce que j'ai bien vu ; ce qu'il importe, — et ce qui arrivera un jour, — c'est que *la vérité* soit connue et, je le répète, j'espère que *la science* aura l'honneur de la proclamer spontanément !

En attendant, et pour ne pas jeter de confusion dans ce modeste Supplément de mon *Couzeau*, je demande qu'on m'excuse d'avoir continué à employer les mêmes dénominations, la même classification, les mêmes attributions géologiques que j'ai établies dans mon premier mémoire. Leur justesse est mise en question par une voix trop imposante pour qu'elles ne redescendent pas, par ce seul fait, au rang du *provisoire*.

CONCLUSIONS.

En attendant, aussi, l'arrêt qui sera rendu relativement à la détermination définitive du dépôt qui remplit le 2e lit de la Dordogne et de celui qui couronne les plateaux de son 1er lit, quelle conclusion matérielle et pratique est-il permis de tirer *des faits* constatés et dont cette longue étude contient le détail ? Sans doute, il serait prématuré d'établir des conclusions générales, absolues, sur des recherches faites dans un si petit nombre de localités si rapprochées l'une de l'autre; mais je ne saurais oublier que ces recherches se sont étendues à trois dépôts *distincts* et d'*âges différents*, savoir : 1° la *molasse*, qui ne renferme que du quartz pur (*hyalin* ou *grenu*); 2° le dépôt *des plateaux*, qui contient, en outre, des *silex* et un très-petit nombre d'*autres roches*, lesquelles sont du terrain primitif et ne sont jamais calcaires; 3° enfin, le dépôt du 2e lit de la Dordogne, qui a recueilli ce que lui ont apporté les deux dépôts précédents et qui renferme, en outre, un nombre considérable de roches primitives qui lui sont venues directement d'Auvergne avec des roches *volcaniques* de nature résistante et *jamais calcaire*.

Que le nom de *diluvium* appartienne en réalité au dépôt *des plateaux*, ou qu'il doive être appliqué seulement à celui *du 2e lit*, le résultat, au point de vue qui m'occupe, est absolument le même : *le diluvium* (dans les localités que j'ai étudiées) NE CONSERVE PLUS DE MATIÈRES CALCAIRES. La molasse qui, aussi bien que les quartz diluviens ou de l'*ante-diluvium*, provient *exclusivement* des débris de roches du terrain primitif et qui, par conséquent, a été *apportée* en Périgord où il n'existe pas de lambeau des terrains primitifs, NE CONTIENT PAS NON PLUS DE MATIÈRES CALCAIRES.

D'une autre part, s'il est bien évident qu'il peut exister et qu'il existe en effet des *alluvions* déposées dans des conditions au moins relatives de *tranquillité*, concevrait-on un DILUVIUM TRANQUILLE? Aux yeux de tous les géologues, ne sont-ce pas là deux mots qui hurlent de se trouver ensemble? Ne sont-ce pas là deux idées qu'il est impossible d'associer l'une à l'autre?

Eh bien! puisque le calcaire disparait dès qu'il y a transport un peu lointain, un peu violent des cailloux, ne s'accordera-t-on pas à trouver juste de *refuser le nom de* DILUVIUM *à tout dépôt de cailloux qui renfermerait encore des matières* CALCAIRES? Pour moi, je ne crains pas de le dire, c'est la conclusion à laquelle je me sens invinciblement entraîné par tout ce qui précède, et je ne regretterai pas le temps et les soins que j'ai consacrés à cette étude, si elle peut, comme j'ose l'espérer, contribuer à fixer désormais le sens du mot *diluvium*, employé si souvent, dans ces dernières années, pour désigner des dépôts de natures si diverses. Cette fixation de sens — je le reconnais — n'est pas complète encore; mais, si l'on arrive à se mettre d'accord sur ce *caractère d'exclusion*, on aura fait un pas vers une détermination plus précise et plus scientifique du *diluvium*.

Je ne dois ni ne veux oublier que le vrai *diluvium* contient des ossements fossiles, et qu'il n'existe pas d'ossements dépourvus de l'élément calcaire! Mais les phosphates de chaux ne sont pas solubles dans l'eau comme les carbonates : les premiers ne sont pas effervescents, comme les seconds, sous l'action des acides; et d'ailleurs — je suis redevable de cette remarque à mon ami, le professeur Raulin, — les ossements fossiles qui ne sont pas *roulés* ont *certainement* été enfouis *à l'état frais* dans le *diluvium*, c'est-à-dire dans des conditions d'*union avec la matière animale*, qui les rendent fort différents, minéralogiquement parlant, d'une *roche* calcaire (2).

---

(1) « Je ne crois pas possible, » dit M. le docteur Arm. de Fleury, « de *retenir* un « mot sans le marquer d'un *distinct* imaginé par l'intelligence. » (*Essai sur la pathogénie du langage articulé*, p. 34, *ad calcem*. — Paris, chez V. Masson, 1865) Sans cela, il est effectivement impossible de faire ce qu'on appelle s'approprier une idée, *faire sienne* une idée, et l'excellente phrase de M. de Fleury, écrite sous la dictée du bon sens, est parfaitement applicable à la nécessité de *fixation de sens* que je signale à l'égard du mot *diluvium*. (*Note ajoutée pendant l'impression.*)

(2) La belle défense d'éléphant dont j'ai parlé dans le *Couzeau* et dans le présent Mémoire, laquelle provient du *diluvium* de Monsac et dont, après l'avoir vue presque

Somme toute, c'est donc la silice qui domine — et cela dans une proportion énorme, — partout où il y a eu transport violent et prolongé de roches diverses. Cela veut-il dire que la silice soit la substance dominante, par sa masse, dans les matériaux du globe terrestre ? Non certes, car les quartz ne forment pas, dans leurs gisements originaires, des *masses* comparables à celles des roches feldspathiques, calcaires et autres non quartzeuses ; mais ce résultat final des transports n'en est que plus frappant, au point de vue que j'étudie ici, puisque de ces masses gigantesques il ne reste plus, comme résidu du charriage, que des débris bien moindres, quant à leur masse, que ceux des roches quartzeuses.

Ces réflexions, assurément, ne sont absolument rien de neuf en elles-mêmes ; je me borne à rappeler la mémoire de *faits* non contestables ; je me borne à appeler, au point de vue de mon étude, l'attention de tout le monde sur ce que tout le monde sait déjà. Mais de là je tire une conclusion qui sera ratifiée, je crois pouvoir le prévoir avec confiance, par les études qui seront faites subséquemment dans le même ordre de recherches. J'en tire enfin l'expression du vœu que je forme pour qu'on n'ajoute plus ce nom significatif et majestueux de *diluvium* à la liste déjà si longue des choses que l'esprit critiqueur de notre siècle a la prétention (bien plus, heureusement, que la certitude logique !) d'avoir fait choir pour toujours de leur piédestal tant de fois séculaire !

Lanquais (Dordogne), 25 novembre 1865.

---

entière, je ne possède plus que des fragments, ne montre, au contact de l'acide hydrochlorique, qu'une *velléité* presque insensible et *excessivement fugace* d'effervescence. La très-petite proportion de sous-carbonate qu'elle a contenu a été *protégée* par le phosphore.

TABLE DES MATIÈRES

Bordeaux. — Imp. de F. Degréteau et Cie.

www.ingramcontent.com/pod-product-compliance
Ingram Content Group UK Ltd.
Pitfield, Milton Keynes, MK11 3LW, UK
UKHW021000180726
13838UKWH00003B/1401